別冊 問題編

大学入試 全レベル問題集

数学III+C

5 私大標準・
国公立大レベル

改訂版

Obunsha

問 題 編

目 次

1 ✔ Check Box ☐☐ 解答は別冊 p.10 ▶

三角形 ABC と点Pがあり，等式

$$5\overrightarrow{AP}+9\overrightarrow{BP}+11\overrightarrow{CP}=\vec{0}$$

が成り立っている．また，辺 BC を $11:9$ に内分する点をDとする．このとき，次の問いに答えよ．

(1) $\overrightarrow{AD}$ を $\overrightarrow{AB}$ と $\overrightarrow{AC}$ を用いて表せ．また，$\overrightarrow{AP}$ を $\overrightarrow{AB}$ と $\overrightarrow{AC}$ を用いて表せ．

(2) 面積比 $\triangle PAB : \triangle ABC$ を求めよ．

(3) 面積比 $\triangle PBC : \triangle PCA : \triangle PAB$ を求めよ．

（北海学園大）

2 ✔ Check Box ☐☐ 解答は別冊 p.12 ▶

t を正の実数とする．三角形 OAB の辺 OA を $2:1$ に内分する点を M，辺 OB を $t:1$ に内分する点をNとする．線分 AN と線分 BM の交点をPとする．

(1) $\overrightarrow{OP}$ を $\overrightarrow{OA}$，$\overrightarrow{OB}$ および t を用いて表せ．

(2) 直線 OP は線分 BM と直交し，かつ $\angle AOB$ の二等分線であるとする．このとき，辺 OA と辺 OB の長さの比と t の値を求めよ．

（東北大）

3 ✔ Check Box ▮▮ 解答は別冊 p.14 ▶

　三角形 OAB は辺の長さが OA=3，OB=5，AB=7 であるとする．また，∠AOB の2等分線と直線 AB との交点をPとし，頂点Bにおける外角の2等分線と直線 OP との交点をQとする．

(1) $\overrightarrow{\mathrm{OP}}$ を $\overrightarrow{\mathrm{OA}}$，$\overrightarrow{\mathrm{OB}}$ を用いて表せ．また，$|\overrightarrow{\mathrm{OP}}|$ の値を求めよ．

(2) $\overrightarrow{\mathrm{OQ}}$ を $\overrightarrow{\mathrm{OA}}$，$\overrightarrow{\mathrm{OB}}$ を用いて表せ．また，$|\overrightarrow{\mathrm{OQ}}|$ の値を求めよ．

(北海道大)

4 ✔ Check Box ▮▮ 解答は別冊 p.16 ▶

　$0<t<1$ とする．

　平行六面体 OADB-CEGF において，辺 DG を 2:3 に内分する点を P，辺 OC を $t:(1-t)$ に内分する点を Q，直線 OP と平面 ABQ との交点をRとする．

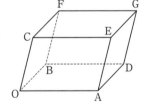

　$\overrightarrow{\mathrm{OA}}=\vec{a}$，$\overrightarrow{\mathrm{OB}}=\vec{b}$，$\overrightarrow{\mathrm{OC}}=\vec{c}$ とするとき，次の問いに答えなさい．

(1) $\overrightarrow{\mathrm{OR}}$ を $\vec{a}$，$\vec{b}$，$\vec{c}$，t を用いて表しなさい．

(2) 直線 AR と直線 BQ との交点が線分 BQ を 3:2 に内分するとき，t の値を求めなさい．

(山口大・略題)

5 ✓ Check Box ☐☐☐ 解答は別冊 p.18

平面上で原点Oと3点 A(3, 1)，B(1, 2)，C(−1, 1) を考える．実数 s，t に対し，点Pを

$$\overrightarrow{OP} = s\overrightarrow{OA} + t\overrightarrow{OB}$$

により定める．以下の問いに答えよ．

(1) s，t が条件

$$-1 \leqq s \leqq 1, \quad -1 \leqq t \leqq 1, \quad -1 \leqq s+t \leqq 1$$

を満たすとき，点 P(x, y) の存在する範囲 D を図示せよ．

(2) 点Pが(1)で求めた範囲 D を動くとき，内積 $\overrightarrow{OP} \cdot \overrightarrow{OC}$ の最大値を求め，そのときのPの座標を求めよ．

(東北大)

6 ✓ Check Box ☐☐☐ 解答は別冊 p.20

空間内に，3点 A(3, −1, 1)，B(0, 2, 4)，C(1, 0, 4) がある．点Cから直線 AB に垂線を引き，交点をHとする．このとき，線分 CH の長さを求めよ．

(長崎大・改題)

7 ✓ Check Box ☐☐☐ 解答は別冊 p.22

座標空間内の次のような4点 A，B，C，D を考える．A の座標は $(\sqrt{2}, \sqrt{3}, \sqrt{6})$，3点 B，C，D は，それぞれ x 軸，y 軸，z 軸上にある．さらに，これらの4点は同一平面上にあり，四角形 ABCD は平行四辺形である．このとき，次の問いに答えよ．

(1) 3点 B，C，D の座標を求めよ．

(2) 平行四辺形 ABCD の面積を求めよ．

(3) 原点Oから平行四辺形 ABCD を含む平面に垂線 OH を下ろす．点Hの座標を求めよ．

(新潟大)

8 ✓Check Box ⬜⬜ 解答は別冊 p.24

座標空間内において，2 点 O$(0, 0, 0)$，A$(1, 0, 1)$ を端点とする線分 OA，平面 $z=2$ 上に点 $(0, 0, 2)$ を中心とする半径 1 の円周 C，および C 上の動点 P があるとする．このとき，以下の問いに答えよ．

(1) 直線 PA と xy 平面との交点を A′ とするとき，A′ の軌跡の方程式を求めよ．

(2) 線分 OA′ が動いてできる xy 平面上の図形を描け．

(3) (2)の図形の面積を求めよ．

(愛知教育大)

9 ✓Check Box ⬜⬜ 解答は別冊 p.26

点 A$(1, 2, 4)$ を通り，ベクトル $\vec{n}=(-3, 1, 2)$ に垂直な平面を α とする．平面 α に関して同じ側に 2 点 P$(-2, 1, 7)$，Q$(1, 3, 7)$ がある．次の問いに答えよ．

(1) 平面 α に関して点 P と対称な点 R の座標を求めよ．

(2) 平面 α 上の点で，PS＋QS を最小にする点 S の座標とそのときの最小値を求めよ．

(鳥取大)

10 ✓Check Box ⬜⬜ 解答は別冊 p.28

xyz 空間に点 C$(0, 2, 2)$ を中心とする球面 $x^2+(y-2)^2+(z-2)^2=1$ と点 A$(0, 0, 3)$ がある．球面上の点 P と点 A とを通る直線が xy 平面と交わるとき，その交点を Q$(a, b, 0)$ とする．次の問いに答えよ．

(1) 点 C を通る直線が直線 AQ と垂直に交わるとき，その交点を H とする．$\overrightarrow{AH}=k\overrightarrow{AQ}$ を満たす実数 k を a，b で表せ．

(2) (1)で定めた H について，線分 CH の長さを a，b で表せ．

(3) 点 P が球面上を動くとき，点 Q の存在範囲を式で表し，xy 平面上に図示せよ．

(秋田大)

11 ✓ Check Box ☐☐ 解答は別冊 p.30

[A]　不等式 $\dfrac{5x-6}{x-2}>x+1$ を解け.

（山梨大）

[B]　方程式 $x^2=3-\sqrt{3+x}$ の実数解を求めよ.

（甲南大）

12 ✓ Check Box ☐☐ 解答は別冊 p.32

　曲線 $y=\sqrt{x+2}$ と直線 $y=x+a$ が共有点をもつとき，定数 a のとりうる値の範囲は ☐ であり，共有点の数が 2 個でかつ，その共有点の y 座標がともに正であるとき，a のとりうる値の範囲は ☐ である.

（関西大）

関数 $f(x)=\sqrt{7x-3}-1$ について考える.

(1) $f(x)$ の逆関数 $f^{-1}(x)$ を求めよ.

(2) 曲線 $y=f(x)$ と直線 $y=x$ の交点の座標を求めよ.

(3) 不等式 $f^{-1}(x)\leqq f(x)$ を解け.

（金沢工業大）

$f(x)=\dfrac{2x+1}{3x+1}$, $g(x)=\dfrac{4x+2}{5x+1}$ とすると, $g(f(x))=\boxed{}$, $f(g(x))=\boxed{}$

となる. また, 分数関数 $h(x)$ が, $h(x)\neq-\dfrac{1}{3}$ となる x に対して,

$f(h(x))=x$ を満たすとき, $h(x)=\boxed{}$ となる.

（山梨大）

第3章 数列・関数の極限

解答は別冊 p.38

15 ✓ Check Box ☐☐

［A］ 条件

$$a_1=1, \quad \frac{a_{n+1}}{a_{n+1}+1}=\frac{a_n}{1+4na_n} \qquad (n=1,\ 2,\ 3,\ \cdots)$$

によって定められる数列 $\{a_n\}$ の一般項は $a_n=\boxed{(1)}$ である．また，$\displaystyle\lim_{n\to\infty} n^2 a_n=\boxed{(2)}$ である．

(関西大)

［B］ $a_1=5,\ a_{n+1}=a_n+2n+5 \quad (n=1,\ 2,\ 3,\ \cdots\cdots)$ によって定義される数列 $\{a_n\}$ がある．このとき

$$a_n=\boxed{}n^2+\boxed{}n+\boxed{}$$

である．また

$$\lim_{n\to\infty}(\sqrt{a_n}-n)=\boxed{}, \quad \lim_{n\to\infty}\left(\sqrt{\frac{a_n}{n}}-\sqrt{n}\right)=\boxed{}$$

である．

(上智大)

16 ✓ Check Box ☐☐

解答は別冊 p.40

$a>1$ とする．無限等比級数

$$a+ax(1-ax)+ax^2(1-ax)^2+ax^3(1-ax)^3+\cdots$$

が収束するとき，その和を $S(x)$ とする．次の問いに答えよ．

(1) この無限等比級数が収束するような実数 x の値の範囲を求めよ．また，そのときの $S(x)$ を求めよ．

(2) x が(1)で求めた範囲を動くとき，$S(x)$ のとり得る値の範囲を求めよ．

(金沢大・略題)

解答は別冊 p.42

17 ✓ Check Box □ □

1辺の長さが1の正三角形 ABC に，図のように正方形 S_1, S_2, S_3, …を順に内接させるものとする．

(1) 正方形 S_1 の1辺の長さを求めよ．

(2) n 番目の正方形 S_n の面積 s_n を求めよ．

(3) これらの正方形の面積の総和
$$s = s_1 + s_2 + \cdots + s_n + \cdots$$
を求めよ．

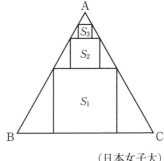

（日本女子大）

18 ✓ Check Box □ □

解答は別冊 p.44

数列 $\{a_n\}$ を初項 $a_1 = 1$，漸化式 $a_{n+1} = \sqrt{a_n + 2}$ （$n \geqq 1$）により定義する．このとき，以下の問いに答えよ．

(1) すべての自然数 n に対して，$1 \leqq a_n < 2$ が成り立つことを証明せよ．

(2) すべての自然数 n に対して，$2 - a_{n+1} \leqq \dfrac{1}{2 + \sqrt{3}}(2 - a_n)$ が成り立つことを証明せよ．

(3) 数列 $\{a_n\}$ が収束することを示し，極限値 $\displaystyle\lim_{n \to \infty} a_n$ を求めよ．

（首都大東京）

[A]　極限 $\displaystyle\lim_{x\to 0}\{\log_2(6x^2)-\log_2(\sqrt{3x^2+1}-1)\}$ の値は□である.

(福岡大)

[B]　等式 $\displaystyle\lim_{x\to 1}\dfrac{\sqrt{2x^2+a}-x-1}{(x-1)^2}=b$ が成り立つような定数 a, b の値を求めよ.

(高知工科大)

[A]　極限 $\displaystyle\lim_{x\to 0}\dfrac{(5x^2+12x)\sin\left(\sin\dfrac{2}{3}x\right)}{x^2}$ の値は□である.

(国士舘大)

[B]　極限 $\displaystyle\lim_{x\to\frac{\pi}{2}}\dfrac{\sin(2\cos x)}{x-\dfrac{\pi}{2}}$ の値は□である.

(関西大)

　$0<\theta<1$ とする．三角形 ABC において，$\mathrm{AB}=\mathrm{AC}=\dfrac{1}{\theta}$，$\angle \mathrm{BAC}=\theta$ とする．

また，辺 AB を $(1-\theta):\theta$ に内分する点をDとする．このとき，以下の問いに答えよ．

(1)　三角形 BCD の面積をSとする．$\displaystyle\lim_{\theta\to+0} S$ を求めよ．

(2)　$\displaystyle\lim_{\theta\to+0}\mathrm{BC}$ を求めよ．

(3)　$\displaystyle\lim_{\theta\to+0}\mathrm{CD}$ を求めよ．

（甲南大）

［A］　極限 $\displaystyle\lim_{n\to\infty}\left(\dfrac{n+1}{n+2}\right)^{3n-3}$ の値は□である．

（産業医科大）

［B］　極限 $\displaystyle\lim_{h\to0}\dfrac{e^{2h+2}-e^{2}}{h}$ の値は□である．

（神奈川大）

［C］　自然数nに対し，関数 $f_n(x)=nx^{2n+1}(1-x)$ の最大値をa_nとする．このとき，$\displaystyle\lim_{n\to\infty}a_n$ を求めよ．

（東京学芸大・略題）

第4章 微分法

23 ✓Check Box □□ 解答は別冊 p.56

関数 $f(x)=\cos x$ の導関数が $f'(x)=-\sin x$ となることを導関数の定義に従って証明せよ．もし必要であれば $\lim_{\theta \to 0} \dfrac{\sin\theta}{\theta}=1$ であることを用いてよい．

（高知工科大）

24 ✓Check Box □□ 解答は別冊 p.58

[A] 曲線 $y=xe^x+1$ の $x=1$ に対応する点における接線と法線の方程式を求めよ．

（福島大）

[B] 関数 $y=e^x-e^{-x}$ のグラフに接する，傾きが 4 である直線の方程式を求めよ．

（東京都市大）

a を定数とする．2曲線

$$C_1 : y = -\frac{3}{2}\cos 2x \quad (0 < x < 2\pi)$$

$$C_2 : y = a\cos x - a - \frac{3}{4} \quad (0 < x < 2\pi)$$

を考える．C_1 と C_2 は共有点をもち，ある共有点での C_1 と C_2 の接線は一致し，かつその傾きは0でないとする．次の問に答えよ．

(1) a の値を求めよ．

(2) C_1 と C_2 の概形を同一座標平面上にかけ．

（宮城教育大・略題）

関数 $f(x) = x + x\sqrt{1-x^2}$ について以下の問いに答えよ．

(1) $f'(x)$ を求めよ．

(2) $y = f(x)$ のグラフの概形を描け．ただし変曲点は求めなくてよい．

（東北学院大・略題）

次の問いに答えよ. ただし, e は自然対数の底である.

(1) 関数 $f(x) = \dfrac{\log x}{x}$ について, 極値を調べ, $y = f(x)$ のグラフの概形をか

け. ただし, $\displaystyle\lim_{x \to \infty} \dfrac{\log x}{x} = 0$ を用いてよい.

(2) $e^{\pi} > \pi^{e}$ を示せ.

(3) $e^{\sqrt{\pi}} < \pi^{\sqrt{e}}$ を示せ.

（島根大）

関数 $f(x) = 2\sqrt{1-x^2}$ に対し, 曲線 $y = f(x)$ 上の点 $\mathrm{P}(a,\ 2\sqrt{1-a^2})$ におけ
る接線を l とする. l と x 軸, y 軸との交点をそれぞれ Q, R とし, 線分 QR の
長さを d とするとき, 次の問いに答えよ. ただし, $0 < a < 1$ とする.

(1) $f(x)$ を微分せよ.

(2) 直線 l の方程式を求めよ.

(3) d^2 を a を用いて表せ.

(4) d の値が最小となるような a の値と, そのときの d の値を求めよ.

（大阪工業大）

✔ Check Box ☐☐　解答は別冊 p.68

a を実数とし，$f(x)=xe^x-x^2-ax$ とする．曲線 $y=f(x)$ 上の点 $(0,\ f(0))$ における接線の傾きを -1 とする．このとき，以下の問いに答えよ．

(1) a の値を求めよ．

(2) 関数 $y=f(x)$ の極値を求めよ．

(3) b を実数とするとき，2 つの曲線 $y=xe^x$ と $y=x^2+ax+b$ の $-1\leqq x\leqq 1$ の範囲での共有点の個数を調べよ．

（神戸大）

✔ Check Box ☐☐　解答は別冊 p.70

次の問いに答えよ．ただし，$\displaystyle\lim_{x\to\infty}\frac{\log x}{x}=0$ であること，また，e は自然対数の底で，$e<3$ であることを用いてよい．

(1) 自然数 n に対して，方程式 $\dfrac{\log x}{x}=\dfrac{1}{3n}$ は $x>0$ の範囲にちょうど 2 つの実数解をもつことを示せ．

(2) (1) の 2 つの実数解を α_n, β_n $(\alpha_n<\beta_n)$ とするとき
$$1<\alpha_n<e^{\frac{1}{n}},\ ne<\beta_n$$
が成り立つことを示せ．また，$\displaystyle\lim_{n\to\infty}\alpha_n$ を求めよ．

（九州大）

31 ✓Check Box ☐☐ 　解答は別冊 p.72 ▶

k を正の定数とする．関数

$$f(x) = \frac{1}{x} - \frac{k}{(x+1)^2} \ (x>0), \quad g(x) = \frac{(x+1)^3}{x^2} \ (x>0)$$

について，次の問いに答えよ．

(1) $g(x)$ の増減を調べよ．

(2) $f(x)$ が極値をもつような定数 k の値の範囲を求めよ．

(3) $f(x)$ が $x=a$ で極値をとるとき，極値 $f(a)$ を a だけの式で表せ．

(4) k が (2) で求めた範囲にあるとき，$f(x)$ の極大値は $\frac{1}{8}$ より小さいことを示せ．

（名古屋工業大）

32 ✓Check Box ☐☐ 　解答は別冊 p.74 ▶

次の問いに答えよ．ただし，$\log$ は自然対数とする．

(1) $0<x<1$ なる実数 x に対して，不等式

$$\log \frac{1+x}{1-x} < 2x + \frac{2}{3} \cdot \frac{x^3}{1-x^2}$$

が成り立つことを示せ．

(2) 不等式 $\log 2 < \frac{25}{36}$ が成り立つことを示せ．

（岩手大）

以下の問いに答えよ.

(1) 実数 r は $0<r<1$ を満たす. $x>0$ のとき, x^r-1 と $r(x-1)$ の大小を比較せよ.

(2) 実数 p, q は $p>1$, $q>1$, $\dfrac{1}{p}+\dfrac{1}{q}=1$ を満たす. $a>0$, $b>0$ のとき,

$a^{\frac{1}{p}}b^{\frac{1}{q}}$ と $\dfrac{a}{p}+\dfrac{b}{q}$ の大小を比較せよ.

(一橋大)

次の条件(＊)を満たすような実数 a で最大のものを求めよ.

(＊) $-\dfrac{\pi}{2}\leqq x\leqq\dfrac{\pi}{2}$ の範囲のすべての x に対して $\cos x\leqq 1-ax^2$ が成り立つ.

(信州大)

以下の問いに答えよ.

(1) すべての正の数 x, y に対して,不等式 $x(\log x - \log y) \geqq x - y$ が成り立つことを証明せよ.また,等号が成り立つのは $x = y$ の場合に限ることを示せ.

(2) 正の数 $x_1, \cdots, x_n$ が $\displaystyle\sum_{i=1}^{n} x_i = 1$ を満たしているとき,不等式

$\displaystyle\sum_{i=1}^{n} x_i \log x_i \geqq \log \frac{1}{n}$ が成り立つことを証明せよ.また,等号が成り立つのは

$x_1 = \cdots = x_n = \dfrac{1}{n}$ の場合に限ることを示せ.

(金沢大)

36

✓ Check Box ☐ ☐　解答は別冊 p.82

次の不定積分，定積分の値を求めよ．

(1) $\displaystyle\int_0^{\frac{\pi}{3}} \frac{dx}{\cos^2 x}$ 　　　　　　　　　　　　　　　（兵庫県立大）

(2) $\displaystyle\int \frac{1}{2x+3}dx$ 　　　　　　　　　　　　　　　（北見工業大）

(3) $\displaystyle\int_2^3 \frac{x^3+2}{x-1}dx$ 　　　　　　　　　　　　　　　（岡山県立大）

(4) $\displaystyle\int_0^1 \frac{dx}{x^2-2x-3}$ 　　　　　　　　　　　　　　　（福島大）

(5) $\displaystyle\int \sin^2 t\, dt$ 　　　　　　　　　　　　　　　（愛知教育大）

37

✓ Check Box ☐ ☐　解答は別冊 p.84

次の定積分の値を求めよ．

(1) $\displaystyle\int_2^4 x\sqrt{x-2}\,dx$ 　　　　　　　　　　　　　　　（摂南大）

(2) $\displaystyle\int_0^{\frac{1}{2}} \frac{x}{(2x+1)^2}dx$ 　　　　　　　　　　　　　　　（広島市立大）

次の定積分の値を求めよ.

(1) $\displaystyle\int_0^{\frac{3}{2}} \frac{6}{\sqrt{9-x^2}}\,dx$　　　　　　　　　　　　　　　　（福島大）

(2) $\displaystyle\int_1^{\sqrt{3}} \frac{dx}{x^2+1}$　　　　　　　　　　　　　　　　　　（北海道大）

(3) $\displaystyle\int_0^1 \sqrt{1-x^2}\,dx$　　　　　　　　　　　　　　　　　　（岡山県立大）

次の各問いに答えよ.

(1) $\displaystyle\int_0^1 \frac{1}{x^2+1}\,dx = \dfrac{\pi}{\boxed{}}$ である.

(2) $\dfrac{x^2+3x+7}{(x+2)(x^2+1)} = \dfrac{A}{x+2} + \dfrac{Bx+C}{x^2+1}$ $(A, B, C$ は定数$)$ とおくと, $A=\boxed{}$, $B=\boxed{}$, $C=\boxed{}$ である.

(3) $\displaystyle\int_0^1 \frac{x^2+3x+7}{x^3+2x^2+x+2}\,dx = \dfrac{\boxed{}}{4}\pi + \log\dfrac{3}{\boxed{}}$ である. ただし, 対数は自然対数とする.

（東洋大）

次の不定積分，定積分の値を求めよ．

(1) $\displaystyle\int_{\frac{1}{2}}^{\frac{\sqrt{3}}{2}} \frac{x}{\sqrt{1-x^2}} dx$ (東京都市大)

(2) $\displaystyle\int_0^{\frac{\pi}{6}} \sin^2 2x \cos 2x\, dx$ (愛知工業大)

(3) $\displaystyle\int \frac{dx}{x(\log x)^2}$ (会津大)

(4) $\displaystyle\int_1^2 \frac{e^x + e^{-x}}{e^x - e^{-x}} dx$ (宮崎大)

(5) $\displaystyle\int \tan x\, dx$ (横浜市立大)

次の不定積分，定積分の値を求めよ．

(1) $\displaystyle\int_{-\pi}^{\pi} x \sin x\, dx$ (鹿児島大)

(2) $\displaystyle\int \log x\, dx$

(3) $\displaystyle\int x(\log x)^2 dx$ (信州大)

(4) $\displaystyle\int x^2 e^x dx$ (北見工業大)

(5) $\displaystyle\int_0^{2\pi n} e^{-x} \cos x\, dx$ (広島大)

(6) $\displaystyle\int x^3 e^{x^2} dx$ (愛媛大)

✔Check Box ⬜⬜ 解答は別冊 p.98 ▶

次の定積分の値を求めよ.

(1) $\displaystyle\int_{\frac{1}{e}}^{e}\bigl|\log x\bigr|dx$ （愛媛大）

(2) $\displaystyle\int_{0}^{2}\bigl|e^{x}-e\bigr|dx$ （奈良教育大）

(3) $\displaystyle\int_{-1}^{3}x\sqrt{\bigl|x^{2}-1\bigr|}\,dx$ （福島大）

✔Check Box ⬜⬜ 解答は別冊 p.100 ▶

次の不定積分, 定積分の値を求めよ.

(1) $\displaystyle\int_{0}^{\pi}\sin^{3}x\,dx$ （東海大）

(2) $\displaystyle\int\frac{\cos^{3}x}{\sin^{2}x}dx$ （広島市立大）

(3) $\displaystyle\int_{\frac{\pi}{4}}^{\frac{3\pi}{4}}\frac{1}{\sin x}dx$ （山形大）

(4) $\displaystyle\int_{0}^{\frac{3}{4}\pi}\sqrt{1-\cos 4x}\,dx$ （東京理科大）

(5) $\displaystyle\int_{0}^{\frac{\pi}{6}}\sin 3x\sin 5x\,dx$ （宮崎大）

第6章 積分の応用

44 ✓Check Box ☐☐ 　解答は別冊 p.104

[A] 次の問いに答えよ.

(1) 関数 $f(x)$ が $f(x)=x^2+\displaystyle\int_0^{\pi}f(t)\sin t\,dt$ を満たすとき,$f(x)$ を求めよ.

(2) 等式 $f(x)=x^2+\displaystyle\int_0^{\frac{\pi}{2}}f(t)\sin t\,dt$ を満たす関数 $f(x)$ は存在しないこと
を示せ.

(福島大)

[B] $f(x)$ が等式 $f(x)=x^2+\displaystyle\int_0^x f'(t)e^{t-x}\,dt$ を満たしているとき,$f(x)$ を
求めよ.

(山梨大)

45 ✓Check Box ☐☐ 　解答は別冊 p.106

k を正の定数とする.

曲線 $C_1:y=k\sin 2x\left(0\leqq x\leqq\dfrac{\pi}{2}\right)$,曲線 $C_2:y=\sin x\left(0\leqq x\leqq\dfrac{\pi}{2}\right)$ につい
て,次の各問いに答えよ.

(1) 曲線 C_1 と x 軸で囲まれた部分の面積 S_1 を求めよ.

(2) 2曲線 C_1,C_2 が原点以外の交点をもつような k の範囲を求めよ. このとき,
原点以外の交点の x 座標を α として,$\cos\alpha$ を k を用いて表せ.

(3) k は(2)で求めた範囲とする. C_1 と C_2 で囲まれた部分の面積を S_2 とし,
$S_1=3S_2$ となるとき,k の値を求めよ.

(芝浦工業大)

$f(x)=\log(x+\sqrt{x^2+1})$ とする. ただし, 対数は自然対数とする.

(1) $f(x)$ の導関数 $f'(x)$ を求めよ.

(2) 直線 $y=x$ と直線 $x=\dfrac{3}{4}$ および曲線 $y=f(x)$ で囲まれた部分の面積 S を求めよ.

(東京農工大)

関数 $f(x)=x^4-2x^2+x$ について, 次の問いに答えよ.

(1) 曲線 $y=f(x)$ と 2 点で接する直線の方程式を求めよ.

(2) 曲線 $y=f(x)$ と(1)で求めた直線で囲まれた領域の面積を求めよ.

(名古屋市立大)

48 ✓ Check Box ▮▮▮ ◥解答は別冊 p.112◤

座標平面上において，原点Oを中心とする半径1の円 C_0 に，半径1の円 C_1 が外接しながらすべることなく回転する．点Aを動く円 C_1 の中心とし，点Pを円 C_1 の円周上の定点とする．最初，点Aは座標 $(2, 0)$ の位置にあり，点Pは座標 $(1, 0)$ の位置にある．円 C_1 が円 C_0 の周りを反時計まわりに一周し，点Aが座標 $(2, 0)$ に戻ってくるとき，点Pのえがく曲線を C とする．動径 OA が x 軸の正の部分から角 $\theta\,(0 \leqq \theta \leqq 2\pi)$ だけ回転した位置にあるとき，点Pの座標を $(x(\theta), y(\theta))$ とする．このとき，次の問いに答えよ．

(1) 点Pの座標 $(x(\theta), y(\theta))$ について
$$x(\theta) = 2\cos\theta - \cos 2\theta, \quad y(\theta) = 2\sin\theta - \sin 2\theta$$
が成り立つことを示せ．

(2) 導関数 $\dfrac{d}{d\theta}x(\theta)$ を求め，$x(\theta)$ の θ に関する増減表を作成せよ．ただし，凹凸については言及しなくてよい．

(3) 曲線 C で囲まれる図形の面積 S を求めよ．

（大阪府立大）

49 ✓ Check Box ▮▮▮ ◥解答は別冊 p.116◤

自然対数の底を e とする．区間 $x \geqq 0$ 上で定義される関数 $f(x) = e^{-x}\sin x$ を考え，曲線 $y = f(x)$ と x 軸との交点を，x 座標の小さい順に並べる．それらを，P_0, P_1, P_2, … とする．点 P_0 は原点である．自然数 n に対して，線分 $P_{n-1}P_n$ と $y = f(x)$ で囲まれた図形の面積を S_n とする．以下の問いに答えよ．

(1) 点 P_n の x 座標を求めよ．

(2) 面積 S_n を求めよ．

(3) $I_n = \sum\limits_{k=1}^{n} S_k$ とする．このとき，I_n と $\lim\limits_{n \to \infty} I_n$ を求めよ．

（長崎大）

✓ Check Box ☐☐　解答は別冊 p.119 ▶

　$0<a<b$ を満たす実数 a, b に対し，曲線 $y=\dfrac{1}{x}$, x 軸および 2 直線 $x=a$,

$x=b$ で囲まれた図形の面積を $S(a, b)$ で表す．以下の問いに答えよ．

(1)　n を自然数とする．$S(n, 3n)$ を求め，この値は n によらないことを示せ．

(2)　$\displaystyle\lim_{n\to\infty}S(n, n+\sqrt{n})=0$ が成り立つことを示せ．

(3)　次の極限値を求めよ．

$$\lim_{n\to\infty}\frac{1}{n}\sum_{k=1}^{2n}S(n, n+k)$$

（お茶の水女子大）

✓ Check Box ☐☐　解答は別冊 p.122 ▶

　n を 2 以上の自然数とする．このとき，次の問いに答えよ．

(1)　$\displaystyle\int_{1}^{n}\log x\,dx$ を求めよ．

(2)　関数 $y=\log x$ の定積分を利用して，次の不等式を証明せよ．

　　$(n-1)!\leqq n^{n}e^{-n+1}\leqq n!$

(3)　極限値 $\displaystyle\lim_{n\to\infty}\frac{\log(n!)}{n\log n}$ を求めよ．

（山形大）

次の不等式を示せ.

(1) $0 \leqq x \leqq \dfrac{\pi}{2}$ に対して, $\sin x \leqq x$

(2) $0 \leqq x \leqq \dfrac{\pi}{2}$ に対して, $e^{-x} \leqq e^{-\sin x} \leqq e^{-\frac{2x}{\pi}}$

(3) $1 - \dfrac{1}{e} < \displaystyle\int_0^{\frac{\pi}{2}} e^{-\sin x} dx < \dfrac{\pi}{2}\left(1 - \dfrac{1}{e}\right)$

（大阪教育大・改題）

負でない整数 n に対して

$$a_n = \frac{1}{n!} \int_0^1 x^n e^{1-x} dx$$

とおく. ただし, e は自然対数の底である. 次の各問に答えよ.

(1) a_0, a_1, a_2 を求めよ.

(2) $0 \leqq a_n \leqq \dfrac{e-1}{n!}$ となることを証明せよ.

(3) $n \geqq 1$ のとき, a_n と a_{n-1} の関係式を求めよ.

(4) $\displaystyle\lim_{n\to\infty} \sum_{k=0}^{n} \frac{1}{k!} = e$ が成り立つことを証明せよ.

（高知工科大）

$I_n = \displaystyle\int_0^{\frac{\pi}{4}} \tan^n\theta \, d\theta \ (n=1,\ 2,\ 3,\ \cdots\cdots)$ とするとき，次の問いに答えよ.

(1) I_1 および $I_n + I_{n+2}$ $(n=1,\ 2,\ 3,\ \cdots\cdots)$ を求めよ.

(2) 不等式 $I_n \geqq I_{n+1}$ $(n=1,\ 2,\ 3,\ \cdots\cdots)$ を示せ.

(3) $\displaystyle\lim_{n\to\infty} nI_n$ を求めよ.

(琉球大)

t を $0 \leqq t \leqq \sqrt{3}$ をみたす実数とし，座標空間内に点 $\mathrm{P}(t,\ 0,\ \sqrt{3-t^2})$ をとる. P を通り yz 平面に平行な平面を β とおく. 3 点 $\mathrm{D}(0,\ 1,\ 0)$, $\mathrm{E}(0,\ -1,\ 0)$, $\mathrm{F}(-\sqrt{3},\ 0,\ 0)$ に対し，β と直線 FD との交点を Q, β と直線 FE との交点を R とする. $\triangle\mathrm{PQR}$ の面積を $S(t)$ とおくとき，以下の問いに答えよ. ただし， $S(\sqrt{3})=0$ とする.

(1) $S(t)$ を t を用いて表せ.

(2) t が $0 \leqq t \leqq \sqrt{3}$ の範囲を動くとき，$\triangle\mathrm{PQR}$ が通過してできる立体の体積 V を求めよ.

(福井大・略題)

✓ Check Box ■■ 解答は別冊 p.132

k を定数とするとき，方程式 $\sqrt{4x-3}=x+k$ の実数解の個数が 2 個となる k の値の範囲は□，実数解の個数が 1 個となる k の値の範囲は□である．また，曲線 $y=\sqrt{4x-3}$ と直線 $y=x$ で囲まれた部分を，x 軸の周りに 1 回転させてできる立体の体積は□である．

(北里大)

✓ Check Box ■■ 解答は別冊 p.134

円 $x^2+(y-1)^2=1$ とその内部を x 軸のまわりに 1 回転してできる立体を考える．

(1) t を $-1\leqq t\leqq 1$ を満たす定数とする．この立体を x 軸に垂直で $(t,\ 0)$ を通る平面で切った断面の面積を t で表せ．

(2) この立体の体積を求めよ．

(龍谷大)

曲線 $y=e^{2x}$ を C とする．C の接線で原点を通るものを l_1 とし，C と l_1 の接点 P における C の法線を l_2 とする．以下の問いに答えよ．

(1) 直線 l_1 の方程式，および点 P の座標を求めよ．

(2) 直線 l_2 の方程式，および直線 l_2 と y 軸の交点 Q の座標を求めよ．

(3) 曲線 C，直線 l_2 および y 軸で囲まれる領域を y 軸のまわりに 1 回転して得られる立体の体積を求めよ．

(広島市立大)

放物線 $y=(x-1)(x-3)$ と x 軸とで囲まれた図形を y 軸のまわりに 1 回転してできる立体の体積を求めよ．

(兵庫県立大)

不等式 $x^2-x \leqq y \leqq x$ で表される平面上の領域を直線 $y=x$ のまわりに1回転して得られる回転体の体積を求めよ.

（学習院大）

a を定数とし，$0<a<\dfrac{\pi}{2}$ とする．媒介変数 t を用いて

$$\begin{cases} x=\cos^3 t \\ y=\sin^3 t \end{cases} \left(0 \leqq t \leqq \dfrac{\pi}{2}\right)$$

と表される曲線を C とする．また，C の $0 \leqq t \leqq a$ の部分の長さを L とする.

(1) L を a を用いて表せ．ただし，L は $L=\displaystyle\int_0^a \sqrt{\left(\dfrac{dx}{dt}\right)^2+\left(\dfrac{dy}{dt}\right)^2}\,dt$ と表される.

(2) 曲線 C 上の点 $\mathrm{P}(\cos^3 a,\ \sin^3 a)$ における接線 l の方程式を求めよ．また，l と x 軸の交点 Q の座標を求めよ.

(3) (2)の2点 P，Q 間の距離を M とするとき，$L=\dfrac{3}{2}M$ が成り立つことを示せ.

（室蘭工業大）

62

✓ Check Box ☐☐　　解答は別冊 p.142

xy 平面上に，原点Oを中心とする半径4の円Cと，定点 $A(2, 0)$ がある．P をC上の点とし，線分 AP の垂直二等分線と直線 OP との交点をQとする．P がC上を動くとき，Qの軌跡をDとする．次の問いに答えよ．

(1) D の方程式を求めよ．

(2) D と y 軸の正の部分との交点の y 座標 d を求めよ．さらに，D で囲まれた 図形のうち y 座標が d 以上の部分の面積を求めよ．

（横浜国立大・改題）

63

✓ Check Box ☐☐　　解答は別冊 p.144

楕円 $\dfrac{x^2}{9}+\dfrac{y^2}{4}=1$ に内接する正方形の一辺の長さは□である．また，この 楕円に内接する長方形の面積の最大値は□である．

（成蹊大）

次の問いに答えよ.

(1) 直線 $y=mx+n$ が楕円 $x^2+\dfrac{y^2}{4}=1$ に接するための条件を m, n を用いて表せ.

(2) 点 $(2, 1)$ から楕円 $x^2+\dfrac{y^2}{4}=1$ に引いた2つの接線が直交することを示せ.

(3) 楕円 $x^2+\dfrac{y^2}{4}=1$ の直交する2つの接線の交点の軌跡を求めよ.

(島根大)

t を媒介変数として,$x=t+\dfrac{1}{t}+\dfrac{5}{2}$,$y=2t-\dfrac{2}{t}$ で表される曲線を考える.
次の問いに答えよ.
(1) t を消去して,x と y の関係式を求めよ.
(2) a を定数とするとき,直線 $y=ax+5$ とこの曲線との共有点の個数を調べよ.

(琉球大)

楕円 $C_1 : \dfrac{x^2}{a^2} + \dfrac{y^2}{b^2} = 1$ および双曲線 $C_2 : \dfrac{x^2}{a^2} - \dfrac{y^2}{b^2} = 1$ について，次の問いに答えよ．ただし，$a > 0$，$b > 0$ とする．

(1) 楕円 C_1 上の点 $(x_1,\ y_1)$ における接線の方程式は $\dfrac{x_1 x}{a^2} + \dfrac{y_1 y}{b^2} = 1$ であることを示せ．

(2) 楕円 C_1 の外部の点 $(p,\ q)$ を通る C_1 の 2 本の接線の接点をそれぞれ $\mathrm{A_1}$，$\mathrm{A_2}$ とする．直線 $\mathrm{A_1 A_2}$ の方程式は $\dfrac{px}{a^2} + \dfrac{qy}{b^2} = 1$ であることを示せ．

(3) $(p,\ q)$ が双曲線 C_2 上の点であるとき，直線 $\dfrac{px}{a^2} + \dfrac{qy}{b^2} = 1$ は C_2 に接することを示せ．

（香川大）

xy 平面上に楕円 $C_1 : \dfrac{x^2}{a^2} + \dfrac{y^2}{9} = 1\ (a > \sqrt{13})$ および双曲線 $C_2 : \dfrac{x^2}{4} - \dfrac{y^2}{b^2} = 1$ $(b > 0)$ があり，C_1 と C_2 は同一の焦点をもつとする．また C_1 と C_2 の第 1 象限の交点 P における C_1，C_2 の接線をそれぞれ l_1，l_2 とする．

(1) a と b の間に成り立つ関係式を求め，点 P の座標を a を用いて表せ．

(2) l_1 と l_2 が直交することを示せ．

（筑波大・略題）

放物線 $y=x^2$ ……① の焦点を F, 放物線①の上の点Pにおける接線を l, l と y 軸との交点を T, P から出て準線に垂直な直線と準線との交点をQとする. このとき, 次の各問いに答えよ.

(1) 焦点Fの座標, 準線の方程式, および l の方程式を求めよ. ただし, P の x 座標は a である.

(2) 三角形 PFT はどんな三角形か答えよ.

(3) ∠FPT と ∠QPT はどのような関係にあるか答えよ.

(成蹊大・改題)

直交座標の原点Oを極とし, x 軸の正の部分を始線とする極座標 (r, θ) を考える. この極座標で表された3点を $A\left(1, \dfrac{\pi}{3}\right)$, $B\left(2, \dfrac{2\pi}{3}\right)$, $C\left(3, \dfrac{4\pi}{3}\right)$ とする.

(1) 点Aの直交座標を求めよ.

(2) ∠OAB を求めよ.

(3) △OBC の面積を求めよ.

(4) △ABC の外接円の中心と半径を求めよ. ただし, 中心は直交座標で表せ.

(徳島大)

座標平面において，極方程式 $r=2\cos\theta$ で表される曲線を C とし，C 上において極座標が $\left(\sqrt{2}, \dfrac{\pi}{4}\right)$，$(2, 0)$ である点をそれぞれ A，B とする．また，A，B を通る直線を l とし，A を中心とし，線分 AB を半径にもつ円を D とする．

(1) 曲線 C は直交座標において点 $(\boxed{}, \boxed{})$ を中心とし，半径が $\boxed{}$ の円を表す．

(2) 直線 l の極方程式は $r\cos\left(\theta-\dfrac{\pi}{\boxed{}}\right)=\sqrt{\boxed{}}$ である．

(3) 円 D の極方程式は $r=\boxed{}\sqrt{\boxed{}}\cos\left(\theta-\dfrac{\pi}{\boxed{}}\right)$ である．

（金沢工業大）

放物線 $y^2=4px$ $(p>0)$ 上に 4 点があり，それらを y 座標の大きい順に A，B，C，D とする．線分 AC と BD は放物線の焦点 F で垂直に交わっている．ベクトル $\overrightarrow{\mathrm{FA}}$ が x 軸の正の方向となす角を θ とする．

(1) 線分 AF の長さを p と θ を用いて表せ．

(2) $\dfrac{1}{\mathrm{AF}\cdot\mathrm{CF}}+\dfrac{1}{\mathrm{BF}\cdot\mathrm{DF}}$ は θ によらず一定であることを示し，その値を p を用いて表せ．

（名古屋工業大）

方程式 $\dfrac{x^2}{2}+y^2=1$ で定まる楕円 E とその焦点 F$(1,\ 0)$ がある．E 上に点 P をとり，直線 PF と E との交点のうち P と異なる点を Q とする．F を通り直線 PF と垂直な直線と E との 2 つの交点を R，S とする．

(1) r を正の実数，θ を実数とする．点 $(r\cos\theta+1,\ r\sin\theta)$ が E 上にあるとき，r を θ で表せ．

(2) P が E 上を動くとき，PF＋QF＋RF＋SF の最小値を求めよ．

(北海道大)

73

✓ Check Box ☐☐　解答は別冊 p.164

a, b を実数の定数とする. x についての3次方程式
$$x^3+(a-3)x^2+(-2a+b+3)x+a-b-15=0$$
の1つの解が $3+\sqrt{3}\,i$ であるとき, $3-\sqrt{3}\,i$ も解であることを示せ. また, a, b の値を求めよ.

（早稲田大・改題）

74

✓ Check Box ☐☐　解答は別冊 p.166

複素数 z_1, z_2 が
$$|z_1|=|z_2|=|z_1+z_2|=1$$
をみたすとき, $|z_1-z_2|$ を求めよ.

（津田塾大）

z を複素数とする．複素数平面上の 3 点 z, z^2, z^3 を頂点とする三角形が正三角形となる z をすべて求めよ．

（日本女子大）

[A] 複素数平面上の相異なる 3 点 $A(\alpha)$, $B(\beta)$, $C(\gamma)$ に対して
$$(3+9i)\alpha-(8+4i)\beta+(5-5i)\gamma=0$$
が成立するとき，∠ACB の大きさと $\dfrac{BC}{AC}$ を求めよ．

（同志社大・略題）

[B] α, β を複素数とし，複素数平面において，0, α, β の表す点をそれぞれ O, A, B とする．$\alpha^2-3\beta\alpha+3\beta^2=0$ が成り立つとき，

$$\alpha=\beta\left(\boxed{}\pm\dfrac{\sqrt{\boxed{}}}{\boxed{}}i\right)$$ と表される。

さらに，$|\alpha|^2-\alpha\overline{\beta}-\overline{\alpha}\beta+|\beta|^2=9$ が成り立つとき，三角形 OAB の面積は

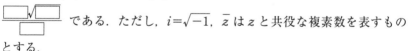 である．ただし，$i=\sqrt{-1}$, $\overline{z}$ は z と共役な複素数を表すものとする．

（岩手医科大）

77

✓ Check Box ☐☐   解答は別冊 p.172

次の各問いに答えよ.

(1)　複素数 z, w について,次の関係が成立することを示せ.ただし,複素数 α に対し,$\bar{\alpha}$ は α と共役な複素数を表す.

(ⅰ)　$\overline{z+w}=\bar{z}+\bar{w}$

(ⅱ)　$\overline{zw}=\bar{z}\,\bar{w}$

(2)　方程式 $z^2-z+1=0$ の2つの解を α, β とする.次の各問いに答えよ.

(ⅰ)　α, β を求めよ.さらにそれらを極形式で表せ.

(ⅱ)　$\alpha^{100}+\beta^{100}$ を求めよ.

(鹿児島大)

78

✓ Check Box ☐☐   解答は別冊 p.174

次の問いに答えよ.

(1)　$z^6+27=0$ を満たす複素数 z をすべて求め,それらを表す点を複素数平面上に図示せよ.

(2)　(1)で求めた複素数 z を偏角が小さい方から順に z_1, z_2, $\cdots$ とするとき,z_1,z_2 と積 z_1z_2 を表す3点が複素数平面上で一直線上にあることを示せ.ただし,偏角は0以上 2π 未満とする.

(金沢大)

79 ✓ Check Box ⬜⬜ 解答は別冊 p.176 ▶

複素数 α を $\alpha = \cos\dfrac{2\pi}{7} + i\sin\dfrac{2\pi}{7}$ とおく．ただし，i は虚数単位を表す．以下の問いに答えよ．

(1) $\alpha^6 + \alpha^5 + \alpha^4 + \alpha^3 + \alpha^2 + \alpha$ の値を求めよ．

(2) $t = \alpha + \overline{\alpha}$ とおくとき，$t^3 + t^2 - 2t$ の値を求めよ．ただし，$\overline{\alpha}$ は α と共役な複素数を表す．

(3) $\dfrac{3}{5} < \cos\dfrac{2\pi}{7} < \dfrac{7}{10}$ を示せ．

（九州大）

80 ✓ Check Box ⬜⬜ 解答は別冊 p.178 ▶

i を虚数単位とする．複素数 z が等式 $|iz+3| = |2z-6|$ を満たすとき，次の問いに答えよ．

(1) この等式を満たす点 z 全体は，どのような図形を表すか答えよ．

(2) $z - \overline{z} = 0$ を満たす z を求めよ．

(3) $|z+i|$ の最大値を求めよ．

（秋田大）

81

✓ Check Box ⬜⬜⬜ 解答は別冊 p.180

［A］ $a>0$ とする．複素数平面上で等式

$$|z-ia|=\frac{z-\bar{z}}{2i}$$

を満たす点 z 全体の表す図形を C とする．ただし，i は虚数単位で，$\bar{z}$ は z と共役な複素数を表す．

⑴ $z=x+iy$ （x，y は実数）と表すとき，C の方程式を $y=f(x)$ の形で表せ．

⑵ C 上の点 z で $|z-(2+2i)|=|z+(2+2i)|$ を満たすものを求めよ．

（学習院大）

［B］ 複素数平面上において，等式 $5x^2+5y^2-6xy=8$ を満たす点 $x+yi$ 全体の表す曲線を C_0 とする．また，曲線 C_0 を原点のまわりに $\dfrac{\pi}{4}$ だけ回転させた曲線を C_1 とする．

等式 $ax^2+by^2+cxy+dx+ey=4$ を満たす点 $x+yi$ 全体の表す曲線が C_1 であるとき，定数 a，b，c，d，e の値を求めよ．ただし，x，y は実数，i は虚数単位とする．

（和歌山大・略題）

82

✓ Check Box ⬜⬜⬜ 解答は別冊 p.182

複素数平面上の点 z と点 w の関係は，$w=\dfrac{z-i}{z+i}$ であるとする．ただし，i は虚数単位である．

⑴ $z=1-2i$ のとき，w の実部を求めよ．

⑵ 点 w が点 $-1+i$ を中心とする半径 1 の円周上を動くとき，点 z が描く図形を複素数平面上に図示せよ．

（群馬大）

極 限 ✓Check Box ☐☐ 　解答は別冊 p.184 ▶

[A] 次の極限値を求めよ.

(1) $\displaystyle \lim_{n\to\infty} \frac{3n^2-7n+2}{n^2+3n-1}$

(2) $\displaystyle \lim_{n\to\infty} \frac{1+2^2+3^2+\cdots\cdots+n^2}{n^3}$

(3) $\displaystyle \lim_{n\to\infty} n(\sqrt{n^2+1}-\sqrt{n^2-1})$

(4) $\displaystyle \lim_{n\to\infty} \frac{1}{n-\sqrt{n^2-2n}}$

(5) $\displaystyle \lim_{n\to\infty} \frac{3^{n+1}-2^{n+1}}{3^n+2^n}$

(6) $r<-1$ のとき, $\displaystyle \lim_{n\to\infty} \frac{1-r^{2n}}{(1+r^n)^2}$

[B] 次の極限値を求めよ.

(1) $\displaystyle \sum_{n=1}^{\infty} \frac{1}{n(n+1)}$

(2) $\displaystyle \sum_{n=1}^{\infty} \frac{3^n-2^n}{5^n}$

[C] 次の極限値を求めよ.

(1) $\displaystyle \lim_{n\to\infty} \frac{1}{n} \sin\frac{n\pi}{3}$

(2) $\displaystyle \lim_{n\to\infty} \frac{2^{n-1}}{n!}$

[D] 次の極限値を求めよ. (∞ や −∞ の場合も含む.)

(1) $\displaystyle\lim_{x \to 2} \frac{x^2 + 6x - 16}{x^2 - 5x + 6}$

(2) $\displaystyle\lim_{x \to \infty} x(\sqrt{x^2 + 1} - x)$

(3) $\displaystyle\lim_{x \to 1+0} \frac{x + 3}{x^2 + x - 2}$

(4) $\displaystyle\lim_{x \to -\infty} \frac{\sqrt{x^2 + 1}}{x + 1}$

[E] 次の極限値を求めよ.

(1) $\displaystyle\lim_{\theta \to 0} \frac{\sin 2\theta}{\sin 3\theta}$

(2) $\displaystyle\lim_{\theta \to 0} \frac{1 - \cos^3 \theta}{\theta^2 \cos^2 \theta}$

(3) $\displaystyle\lim_{n \to \infty} \left(\frac{n-1}{n}\right)^n$

(4) $\displaystyle\lim_{x \to 0} \frac{e^{2x} + e^x - 2}{x}$

微 分　✓Check Box ☐☐　解答は別冊 p.187

[A]　次の関数を微分せよ.

(1)　$y=(2x+3)(x^2-x+1)$

(2)　$y=\dfrac{x^3-4x+1}{\sqrt{x-2}}$

(3)　$y=\dfrac{1+x}{x^2}$

(4)　$y=\left(\dfrac{2x+5}{x^2-4}\right)^2$

[B]　次の関数を微分せよ.

(1)　$y=\sin x\cos^2 x$

(2)　$y=\dfrac{\sin 2x}{1-\cos x}$

(3)　$y=\tan(3x+2)$

(4)　$y=\dfrac{1}{\tan x}$

[C]　次の関数を微分せよ.

(1)　$y=(x^2+2x+2)e^{-x}$

(2)　$y=e^{2x}\cos 3x$

(3)　$y=\dfrac{1}{e^{2x}+e^{-2x}}$

(4)　$y=(\log x)^3$

(5)　$y=\log\{e^x(1-x)\}$

(6)　$y=\log(x+\sqrt{1+x^2}\,)$

［D］　次の関数を微分せよ.

(1)　$y=(x-1)^2(x+3)^4(x-4)^3$

(2)　$y=\log\left(\dfrac{x^2+1}{x^2+3}\right)$

(3)　$y=3^x\cos 2x$

(4)　$y=\log_x 2$

［E］　次の関数を微分せよ.

(1)　$y=(\tan x)^{\sin x}$　$\left(0<x<\dfrac{\pi}{2}\right)$

(2)　$y=\dfrac{\log x}{x^x}$

はじめに

　多くの理系受験生にとって，数学Ⅲ・Cは鬼門のひとつでしょう．学校によっては，教科書の内容が終わる時期が遅く，受験対策が間に合わないこともあります．そんな受験生にとって，分厚く，どれが大切な問題か分からないような参考書・問題集は，非効率的です．そこで，短期間で教科書から入試の基礎レベルにステップアップするための本として，この本を書きました．教科書の内容をひと通り終えたタイミングで，まず本書から受験対策を始めてもらえば，実際の入試問題には何がどのぐらいのレベルで出題されているのかを確認することができ，教科書のどの部分がとくに大切なのか，すでに持っている分厚い参考書のどの部分に重点を置いて勉強すればいいのか，が分かるようになるはずです．

　目指すレベルによって多少の違いはありますが，受験数学の勉強法の基本は

　　① 基礎から正しく積み上げる　　　② 知識と論理のバランス

の2点です．具体的には，言葉や記号の定義を正しく理解し，定理・公式がどのような条件からどのような道筋で導かれるのかを理解するところからスタートします．そのうえで現実的な得点力をつける為に，頻出問題の解法アイディアを覚え，知っている問題を演習することで計算力を鍛え，少し高めのレベルの問題や初見の問題で発想力・応用力を鍛えるのです．

　本シリーズは，上記のような勉強ができるよう，「レベル別」に必要なものを学べるよう，それぞれ編集されています．書店で他の問題集と比べると，一冊当たりの問題数が少なく感じられるかもしれませんが，（マニアックな）網羅性よりもレベルごとの必要性を重視して問題を選んであります．

　ラクな道を選びたがる受験生は「10個の問題を解くための10個の方法」を覚えたがるものです．思考するより覚えた方がラクだと思っているから．しかし，本物の実力とは「10個の問題を解くための1個の原理・原則」を理解し，「目の前の問題に対して応用させる思考力」を持っているということです．本シリーズを通して，皆さんにその本物の実力を養ってもらいたいと思っています．

著者紹介：**大山　壇**（おおやま　だん）

栃木県宇都宮育ち，東北大学理学部数学科への入学をきっかけに住み始めた宮城県仙台市に今も在住．大学卒業後，サラリーマン時代を経て代々木ゼミナールへ．基礎から正しく積み上げる授業，より高いレベルを目指すための視点を与える授業を展開し，どんなレベルの生徒からも信頼されている．また，『全国大学入試問題正解 数学』(旺文社)の解答者でもある．著書には，『整数 分野別標準問題精講』『全レベル問題集 数学Ⅰ＋Ａ＋Ⅱ＋Ｂ＋ベクトル③』(いずれも旺文社)がある．

学ぶ人は、
変えて
ゆく人だ。

目の前にある問題はもちろん、

人生の問いや、

社会の課題を自ら見つけ、

挑み続けるために、人は学ぶ。

「学び」で、

少しずつ世界は変えてゆける。

いつでも、どこでも、誰でも、

学ぶことができる世の中へ。

旺文社

本書の特長とアイコン説明

(1) 本書の構成

近年の入試問題から厳選した問題が，各分野ごとに並んでいます．[解答]では，その問題だけの解法暗記にならないよう，体系的学習ができるように解説してありますのでぜひ熟読してください．

数学Ⅲ・Ｃは，数学Ⅰ・Ａ・Ⅱ・Ｂ以上に計算力が必要になります．本書では極限と微分の「計算練習」を第9章（どのタイミングで取り組んでも構いません．）に，「積分計算」を第5章（必ず第6章に入る前に読んでください．）に入れてあるので，計算力を鍛える為に活用してください．

(2) アイコン説明

[アプローチ]…言葉や記号の定義，その問題の考え方・アプローチ法などを解説してあります．この部分の理解が重要です．

[解答]…答案に書くべき論理と計算を載せてあります．

[別解]…[解答]とは本質的に別の考え方を用いる解答を載せてあります．

[補足]…計算方法をより詳しく説明したり，その問題だけでは分からないような別の例を説明してあります．

[参考]…その問題に関連する発展的な知識や話題などを取り上げています．

志望校レベルと「全レベル問題集 数学」シリーズのレベル対応表	
本書のレベル	各レベルの該当大学
数学Ⅰ＋Ａ＋Ⅱ＋Ｂ＋ベクトル ①基礎レベル	高校基礎〜大学受験準備
数学Ⅰ＋Ａ＋Ⅱ＋Ｂ＋Ｃ ②共通テストレベル	共通テストレベル
数学Ⅰ＋Ａ＋Ⅱ＋Ｂ＋ベクトル ③私大標準・国公立大レベル	[私立大学]東京理科大学・明治大学・青山学院大学・立教大学・法政大学・中央大学・日本大学・東海大学・名城大学・同志社大学・立命館大学・龍谷大学・関西大学・近畿大学・関西学院大学・福岡大学 他 [国公立大学]弘前大学・山形大学・茨城大学・宇都宮大学・群馬大学・埼玉大学・新潟大学・富山大学・金沢大学・信州大学・静岡大学・広島大学・愛媛大学・鹿児島大学 他
数学Ⅰ＋Ａ＋Ⅱ＋Ｂ＋ベクトル ④私大上位・国公立大上位レベル	[私立大学]早稲田大学・慶應義塾大学／医科大学医学部 他 [国公立大学]東京大学・京都大学・北海道大学・東北大学・東京工業大学・名古屋大学・大阪大学・九州大学・筑波大学・千葉大学・横浜国立大学・神戸大学・東京都立大学・大阪公立大学／医科大学医学部 他
数学Ⅲ＋Ｃ ⑤私大標準・国公立大レベル	[私立大学]東京理科大学・明治大学・青山学院大学・立教大学・法政大学・中央大学・日本大学・東海大学・名城大学・同志社大学・立命館大学・龍谷大学・関西大学・近畿大学・福岡大学 他 [国公立大学]弘前大学・山形大学・茨城大学・埼玉大学・新潟大学・富山大学・金沢大学・信州大学・静岡大学・広島大学・愛媛大学・鹿児島大学 他
数学Ⅲ＋Ｃ ⑥私大上位・国公立大上位レベル	[私立大学]早稲田大学・慶應義塾大学／医科大学医学部 他 [国公立大学]東京大学・京都大学・北海道大学・東北大学・東京工業大学・名古屋大学・大阪大学・九州大学・筑波大学・千葉大学・横浜国立大学・神戸大学・東京都立大学・大阪公立大学／医科大学医学部 他

※掲載の大学名は購入していただく際の目安です．また，大学名は刊行時のものです．

解答編　目次

4

学習アドバイス

　本書における各問題の内容・レベルを下のように定めます．まずは，○◇♡の問題をきっちりと解き切れるようにすることが大切です．♣♠を後回しにしてもよいでしょう．

- ○：その分野の基礎事項(定義や公式，原理・原則)を確認する問題．このマークの問題で躓く人は，教科書と本書の解説をしっかり読み込むところからスタートしましょう．
- ◇：計算力を要する(鍛える)問題．なんだかんだ言っても，数学は計算力が命綱です．しっかり鍛えましょう！
- ♡：毎年多くの大学で出題される頻出有名問題．一部の難関大・難関学部を除くほとんどの大学では，このレベルの問題が合否を分けます．
- ♣：少しアイディア・気付きを必要とする問題．最初は知らなくても当然ですが，一度触れたからには自分のものにしておけると，本番で有利です．
- ♠：本書においてはやや難問．本書のレベルを最終目標にするのであれば，無理する必要はないかもしれません．本書からステップアップしてレベル⑥(東海林著)に進むのであれば，ぜひ頑張ってチャレンジしましょう！

■ 第1章　ベクトル ■

　図形のヒラメキがなくても計算で押し切ってしまおうというスタンスで取り組むことが大切です．覚えるべき公式はとても少なく，コツを掴めば得点しやすい分野です．極論「ベクトルの実数倍」と「内積の利用」さえマスターすれば，ほとんどの問題が解けるようになります．基礎原理を定着させてください．

■ 第2章　いろいろな関数 ■

| 11 ○◇ | 12 ○ | 13 ○ | 14 ○◇ |

　この分野に限らず，関数はグラフを利用することが大切です．分数関数と無理関数について，グラフの描き方と方程式などへの利用法を学んでおきましょう．

■ 第3章　数列・関数の極限 ■

| 15 ○◇ | 16 ◇♡ | 17 ♡♣ | 18 ♡♠ | 19 ○ | 20 ○ |

| 21 ◇♣ | 22 ○ |

　この分野は，不定形の解消がポイントです．公式の使い方や式変形の仕方などはワンパターンですので，経験を積んでおきましょう．そして，直接は得られない極限には「はさみうちの原理」が有効です．やや難しいのですが 18 も頻出有名問題ですので，ぜひチャレンジしましょう！

■ 第4章　微分法 ■

| 23 ○ | 24 ○ | 25 ♡ | 26 ○ | 27 ♡ | 28 ◇ |

| 29 ♡ | 30 ♠ | 31 ♡♣ | 32 ◇♡ | 33 ♠ | 34 ♣♠ |

| 35 ♡♠ |

　数学Ⅱの「微分法」と比べて，扱う関数の種類が一気に増え，より複雑な計算をこなす必要がありますが，基本的な考え方は変わりません．$f'(x)$ は符号を調べるのが大切です．微分してすぐに $f'(x)=0$ とはせずに $y=f'(x)$ のグラフ（$f'(x)$ の符号を知りたい部分のグラフ）を見て，$f'(x)$ の符号を決定する習慣をつけてください．

■ 第5章　積分計算 ■

| 36 ◇ | 37 ◇ | 38 ◇♡ | 39 ◇ | 40 ◇ | 41 ◇ |

| 42 ◇♡ | 43 ◇♣ |

　積分計算の基本は「微分の逆」です．微分してもとに戻ることを確認する習慣をつけましょう．また，38 の置換は覚えておく必要があります．

■ 第6章　積分の応用 ■

| 44 ○ | 45 ◇♡ | 46 ◇♣ | 47 ♡♣ | 48 ♡♠ | 49 ♡♠ |

| 50 ○♡ | 51 ♡♣ | 52 ♡♣ | 53 ◇♡ | 54 ♡♣ | 55 ○ |

| 56 ○ | 57 ○♡ | 58 ○ | 59 ♡ | 60 ♣♠ | 61 ○◇ |

　「応用」というタイトルではありますが，大学入試で出題される積分の応用問題は，パターン問題がほとんどです．つまり，解法を知っているかどうかで勝負が決まる問題が多いのです．（もちろん，計算ができなければ話になりませんが．）この章に載せてある問題もほとんどが頻出の有名問題ですので，解法アイディアはそのまま覚えておきましょう！

■ 第7章　2次曲線・極座標 ■

　「2次曲線」は，マニアックな知識などに走らずに，幾何的定義と基本式を覚え，2次方程式の議論と計算力で押し切るのが現実的です．そんな中，64 は有名問題であり，経験の有無がモノを言います．

　「極座標」は，はっきり言ってほとんど出題されていないのが現実です．「2次曲線」以上に知識をスリム化しておきましょう．「極座標の定義」と「xy の方程式と極方程式の変換」がスムーズに行えれば十分に対応できるはずです．

■ 第8章　複素数平面 ■

　複素数平面はつねに，①z のまま処理する，②直交形式 $x+yi$ で押し切る，③極形式 $r(\cos\theta+i\sin\theta)$ で考える，という3つの方針があります．

　①では，共役のバー（z に対して $\bar{z}$）の扱いに慣れることが重要になります．また，公式 $z\bar{z}=|z|^2$ をウマく使えない受験生が多いので注意してください．

　②は計算処理が多くなってしまうデメリットはありますが計算力さえあれば押し切れる方針です．

　③は複素数平面上での「角度」に注目したいときに使います．つまり，図形を計算したいときに便利な処理方法です．これがなければ「平面ベクトル」と何も変わらない道具ということになってしまいますが，極形式を利用することで「ベクトルの回転」をスムーズに行えます．また，複素数の n 乗を簡単に処理できる「ド・モアブルの定理」も大変役立ちます．77 78 は頻出ですので，しっかり定着させておいてください．

■ 第9章　計算練習 ■
◇

　上述の通り，極限の計算は不定形の解消がポイントです．分数型であれば分母と分子を最高次の項で割ってみたり，公式が使える形に持ち込んだりと，慣れてしまえばワンパターンなものが多いので，しっかり練習しておきましょう！

　微分の計算は，各種関数の微分を覚え，「積の微分」「商の微分」「合成関数の微分」を使いこなせるようになることが目標です．また，実際の問題では，微分の計算後に「符号の判断」が待っていることが多いので，それがしやすい形に変形しておくよう意識してください．

解 答 編

1 始点変換

ベクトルの式変形は**始点のコントロール**が大切です.
原則としては

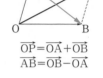

　　　始点を変えたくないときは**和**で表す

　　　始点を変えたいときは**差**で表す

$$\overrightarrow{OP} = \overrightarrow{OA} + \overrightarrow{OB}$$
$$\overrightarrow{AB} = \overrightarrow{OB} - \overrightarrow{OA}$$

となります.
　そして, 分点公式

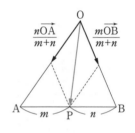

―――――――――――― 分点公式 ――――

線分 AB を $m:n$ に分ける点をPとするとき

$$\overrightarrow{OP} = \frac{n\overrightarrow{OA} + m\overrightarrow{OB}}{m+n}$$

（外分のときは m と n の小さい方を負にする）

をうまく利用できると, ベクトルの式の意味を読み取れるようになります.
　また, 直線上にある点をベクトルで表現するときは

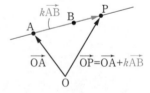

―――――――――――― 直線上の点の表現 ――――

直線 AB 上に点Pがあるとき
$$\overrightarrow{AP} = k\overrightarrow{AB} \quad (k:実数)$$

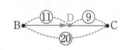

$\overrightarrow{OP} = \overrightarrow{OA} + k\overrightarrow{AB}$

と実数倍で表すのが基本です.

解答

(1) 辺 BC を $11:9$ に内分する点がDなので

$$\overrightarrow{BD} = \frac{11}{20}\overrightarrow{BC}$$

が成り立つ. よって

$$\overrightarrow{AD} - \overrightarrow{AB} = \frac{11}{20}(\overrightarrow{AC} - \overrightarrow{AB})$$

$$\therefore \quad \overrightarrow{AD} = \frac{9}{20}\overrightarrow{AB} + \frac{11}{20}\overrightarrow{AC}$$

もちろん, 分点公式を直接
◀使っても OK

また，$5\overrightarrow{AP}+9\overrightarrow{BP}+11\overrightarrow{CP}=\vec{0}$ から

◀この等式は始点がバラバラ
なので，始点をAに統一し
ます．

$$5\overrightarrow{AP}+9(\overrightarrow{AP}-\overrightarrow{AB})+11(\overrightarrow{AP}-\overrightarrow{AC})=\vec{0}$$
$$\Longleftrightarrow 25\overrightarrow{AP}-9\overrightarrow{AB}-11\overrightarrow{AC}=\vec{0}$$
$$\Longleftrightarrow 25\overrightarrow{AP}=9\overrightarrow{AB}+11\overrightarrow{AC}$$
$$\therefore\quad \overrightarrow{AP}=\frac{9}{25}\overrightarrow{AB}+\frac{11}{25}\overrightarrow{AC}$$

(2) (1)の結果から

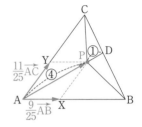

$$\overrightarrow{AP}=\frac{9}{25}\overrightarrow{AB}+\frac{11}{25}\overrightarrow{AC}$$
$$=\frac{20}{25}\left(\frac{9}{20}\overrightarrow{AB}+\frac{11}{20}\overrightarrow{AC}\right)$$
$$=\frac{4}{5}\overrightarrow{AD}$$

となり，右図のようになる．

　このとき，図のように，点 X，Y を

$$\overrightarrow{AX}=\frac{9}{25}\overrightarrow{AB},\quad \overrightarrow{AY}=\frac{11}{25}\overrightarrow{AC}$$

で定めると，四角形 AXPY が平行四辺形であることから YP∥AB なので

$$\triangle PAB=\frac{AY}{AC}\triangle ABC=\frac{11}{25}\triangle ABC$$

が成り立つ．よって，求める面積比は

$$\triangle PAB:\triangle ABC=11:25$$

(3) (2)と同様に

$$\triangle PBC=\frac{PD}{AD}\triangle ABC=\frac{1}{5}\triangle ABC$$

$$\triangle PCA=\frac{AX}{AB}\triangle ABC=\frac{9}{25}\triangle ABC$$

であるから，求める面積比は

$$\triangle PBC:\triangle PCA:\triangle PAB=\frac{1}{5}:\frac{9}{25}:\frac{11}{25}$$
$$=5:9:11$$

この結論は，実は「与式の
係数に一致している」とい
◀う有名な事実です．

■■ メインポイント ■■

　ベクトルは

　　　① 始点のコントロール　　② 直線上の点は実数倍で表す

　を使いこなすことが大切！

2 2直線の交点をさすベクトル

アプローチ

前問 1 でも書いた通り，直線上にある点をベクトルで表現するときは**実数倍で表す**のが基本です．

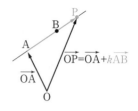

---------------- 直線上の点の表現 -------------

直線 AB 上に点Pがあるとき
$$\overrightarrow{AP}=k\overrightarrow{AB} \quad (k：実数)$$
と表せる．

(1)は，点Pが2直線 BM，AN 上にあることを表現してあげればイイはずです．

また(2)は，与えられた条件を満たすように図を描き直してみれば，実はベクトルの問題ではなく幾何の問題です．

解答

(1) 点Pは直線 BM 上にあるので
$$\overrightarrow{BP}=k\overrightarrow{BM} \quad (k：実数)$$
と表せる．よって
$$\overrightarrow{OP}=\overrightarrow{OB}+k(\overrightarrow{OM}-\overrightarrow{OB})$$
$$=k\overrightarrow{OM}+(1-k)\overrightarrow{OB}$$
$$=k\cdot\frac{2}{3}\overrightarrow{OA}+(1-k)\overrightarrow{OB} \quad \cdots\cdots①$$

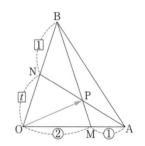

点Pは直線 AN 上にあるので
$$\overrightarrow{AP}=l\overrightarrow{AN} \quad (l：実数)$$
と表せる．よって
$$\overrightarrow{OP}=\overrightarrow{OA}+l(\overrightarrow{ON}-\overrightarrow{OA})$$
$$=(1-l)\overrightarrow{OA}+l\overrightarrow{ON}$$
$$=(1-l)\overrightarrow{OA}+l\cdot\frac{t}{t+1}\overrightarrow{OB} \quad \cdots\cdots②$$

$\overrightarrow{OA}$ と $\overrightarrow{OB}$ は1次独立なので，①，②を比べて
$$\begin{cases} \dfrac{2}{3}k=1-l \\ 1-k=\dfrac{t}{t+1}l \end{cases}$$

◀2つのベクトル $\overrightarrow{OA}$ と $\overrightarrow{OB}$ は，$\vec{0}$ でなく，平行でもない（これを**1次独立**といいます．）ので，①②の係数を比べることができます．

12

これを解いて

$$k=\frac{3}{t+3}, \quad l=\frac{t+1}{t+3}$$

となるから

$$\overrightarrow{\mathrm{OP}}=\frac{2}{t+3}\overrightarrow{\mathrm{OA}}+\frac{t}{t+3}\overrightarrow{\mathrm{OB}}$$

(2) 直線 OP が線分 BM と直交し，かつ ∠AOB の
二等分線であるとき

$$\triangle\mathrm{OPM}\equiv\triangle\mathrm{OPB}$$

なので，OM＝OB である．よって

$$\mathbf{OA:OB=3:2}$$

である．

　また，このとき $\overrightarrow{\mathrm{BP}}=\dfrac{1}{2}\overrightarrow{\mathrm{BM}}$ であるから，

$k=\dfrac{1}{2}$ である．ゆえに

$$\frac{3}{t+3}=\frac{1}{2} \qquad \therefore \quad t=3$$

◀・OP が共通
　・∠MOP＝∠BOP
　・∠MPO＝∠BPO＝90°
から，1 辺とその両端の角
がそれぞれ等しい．

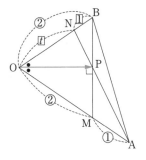

- メインポイント -

直線上の点は，実数倍で表す！

3 角の2等分線

$\vec{a}$ と $\vec{b}$ のなす角の2等分線(の方向ベクトル)は,右図のように**辺の長さが1のひし形**を作ってあげることで

$$\frac{\vec{a}}{|\vec{a}|}+\frac{\vec{b}}{|\vec{b}|}$$

と表せます.

なお,ひし形を作ることさえできればイイので,長さ1にこだわる必要はありません.とにかく,2つのベクトルの長さが等しければOKです.

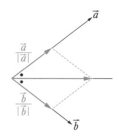

解答

三角形OABにおける余弦定理より

$$AB^2=OA^2+OB^2-2\cdot OA\cdot OB\cos\angle AOB$$

が成り立ち,$OA\cdot OB\cos\angle AOB=\overrightarrow{OA}\cdot\overrightarrow{OB}$ なので

$$7^2=3^2+5^2-2\overrightarrow{OA}\cdot\overrightarrow{OB}$$

$$\therefore\quad \overrightarrow{OA}\cdot\overrightarrow{OB}=-\frac{15}{2}$$

◀ ベクトルの長さを計算するときに,この内積の値が必要になります.

(1) 直線OPは∠AOBの2等分線なので

$$AP:PB=OA:OB=3:5$$

したがって

$$\overrightarrow{AP}=\frac{3}{8}\overrightarrow{AB}$$

が成り立つ.よって

$$\overrightarrow{OP}-\overrightarrow{OA}=\frac{3}{8}(\overrightarrow{OB}-\overrightarrow{OA})\quad\therefore\quad \overrightarrow{OP}=\frac{5}{8}\overrightarrow{OA}+\frac{3}{8}\overrightarrow{OB}$$

このとき

$$|\overrightarrow{OP}|^2=\frac{1}{8^2}(25|\overrightarrow{OA}|^2+30\overrightarrow{OA}\cdot\overrightarrow{OB}+9|\overrightarrow{OB}|^2)$$

$$=\frac{1}{8^2}\left\{25\cdot9+30\cdot\left(-\frac{15}{2}\right)+9\cdot25\right\}$$

$$=\frac{1}{8^2}\cdot225$$

$$\therefore\quad |\overrightarrow{OP}|=\frac{15}{8}$$

◀ 一般的に
$$|x\vec{a}+y\vec{b}|^2$$
$$=(x\vec{a}+y\vec{b})\cdot(x\vec{a}+y\vec{b})$$
$$=x^2\vec{a}\cdot\vec{a}+2xy\vec{a}\cdot\vec{b}+y^2\vec{b}\cdot\vec{b}$$
$$=x^2|\vec{a}|^2+2xy\vec{a}\cdot\vec{b}+y^2|\vec{b}|^2$$
とできます.

(2) 点Qは直線OP上にあるから，実数kを用いて

$$\overrightarrow{OQ}=k\overrightarrow{OP}$$

$$=\frac{5}{8}k\overrightarrow{OA}+\frac{3}{8}k\overrightarrow{OB} \quad\cdots\cdots①$$

と表せる．

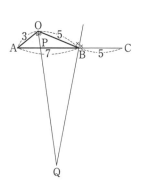

また，辺 AB の B 側への延長線上に点 C を，BC$=5$ となるようにとれば，頂点 B における外角の 2 等分線上にある点 Q は，実数 l を用いて

$$\overrightarrow{BQ}=l(\overrightarrow{BC}+\overrightarrow{BO})$$

$$=l\left(\frac{5}{7}\overrightarrow{AB}+\overrightarrow{BO}\right)$$

$$=l\left\{\frac{5}{7}(\overrightarrow{OB}-\overrightarrow{OA})-\overrightarrow{OB}\right\}$$

$$=l\left(-\frac{5}{7}\overrightarrow{OA}-\frac{2}{7}\overrightarrow{OB}\right)$$

と表せる．よって

$$\overrightarrow{OQ}-\overrightarrow{OB}=l\left(-\frac{5}{7}\overrightarrow{OA}-\frac{2}{7}\overrightarrow{OB}\right)$$

$$\therefore \quad \overrightarrow{OQ}=-\frac{5}{7}l\overrightarrow{OA}+\left(1-\frac{2}{7}l\right)\overrightarrow{OB} \quad\cdots\cdots②$$

$\overrightarrow{OA}$ と $\overrightarrow{OB}$ は 1 次独立なので，①，②を比べて

$$\frac{5}{8}k=-\frac{5}{7}l \quad かつ \quad \frac{3}{8}k=1-\frac{2}{7}l$$

$$\therefore \quad k=8, \ l=-7$$

したがって

$$\overrightarrow{OQ}=5\overrightarrow{OA}+3\overrightarrow{OB}$$

◀この点 Q は，△OAB の傍心(傍接円の中心)です．

このとき

$$|\overrightarrow{OQ}|=|8\overrightarrow{OP}|$$

$$=8\cdot\frac{15}{8}$$

$$=15$$

■┃メインポイント┃■

角の 2 等分線は，ひし形の対角線

4 直線と平面の交点

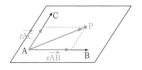

アプローチ

　2つの1次独立なベクトルがあれば平面を張ることができます．したがって，平面上の点をベクトルで表現するときには，次の形が基本です．

> ───────────── **平面上の点の表現**
>
> 　平面 ABC 上に点Pがあるとき
> $$\overrightarrow{\mathrm{AP}}=s\overrightarrow{\mathrm{AB}}+t\overrightarrow{\mathrm{AC}} \quad (s,\ t：実数)$$
> と表せる．

　本問は，直線 OP と平面 ABQ の交点がRなので

　　・点Rは直線 OP 上にあること

　　・点Rは平面 ABQ 上にあること

の2つの条件を数式化してあげればイイのです．

解答

(1)　点Pは辺 DG を $2:3$ に内分するから

$$\overrightarrow{\mathrm{OP}}=\overrightarrow{\mathrm{OD}}+\frac{2}{5}\overrightarrow{\mathrm{DG}}$$

$$=\overrightarrow{\mathrm{OA}}+\overrightarrow{\mathrm{OB}}+\frac{2}{5}\overrightarrow{\mathrm{OC}}$$

と表せる．点Qは辺 OC を $t:(1-t)$ に内分するから

$$\overrightarrow{\mathrm{OQ}}=t\overrightarrow{\mathrm{OC}}$$

と表せる．

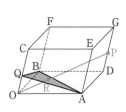

　点Rは直線 OP 上にあるので，実数 k を用いて

$$\overrightarrow{\mathrm{OR}}=k\overrightarrow{\mathrm{OP}}$$

$$=k\overrightarrow{\mathrm{OA}}+k\overrightarrow{\mathrm{OB}}+\frac{2}{5}k\overrightarrow{\mathrm{OC}} \quad \cdots\cdots①$$

と表せる．

　また，点Rは平面 ABQ 上にあるから，実数 x,y を用いて

$$\overrightarrow{\mathrm{AR}}=x\overrightarrow{\mathrm{AB}}+y\overrightarrow{\mathrm{AQ}}$$

と表せる．よって

$$\overrightarrow{\mathrm{OR}}-\overrightarrow{\mathrm{OA}}=x(\overrightarrow{\mathrm{OB}}-\overrightarrow{\mathrm{OA}})+y(\overrightarrow{\mathrm{OQ}}-\overrightarrow{\mathrm{OA}})$$

$$\therefore \quad \overrightarrow{\mathrm{OR}}=(1-x-y)\overrightarrow{\mathrm{OA}}+x\overrightarrow{\mathrm{OB}}+ty\overrightarrow{\mathrm{OC}} \quad \cdots\cdots②$$

$\overrightarrow{\mathrm{OA}}$, $\overrightarrow{\mathrm{OB}}$, $\overrightarrow{\mathrm{OC}}$ は 1 次独立なので，①，②を比べて

$$\begin{cases} k=1-x-y \\ k=x \\ \dfrac{2}{5}k=ty \end{cases}$$

が成り立つ．したがって

$$k=\frac{5t}{2(5t+1)}, \quad x=\frac{5t}{2(5t+1)}, \quad y=\frac{1}{5t+1}$$

であるから

$$\overrightarrow{\mathrm{OR}}=\frac{5t}{2(5t+1)}\vec{a}+\frac{5t}{2(5t+1)}\vec{b}+\frac{t}{5t+1}\vec{c}$$

◀ 空間内の問題であっても，
2，3 と同じ流れで解
けますね．

(2) (1)から

$$\begin{aligned}
\overrightarrow{\mathrm{AR}}&=x\overrightarrow{\mathrm{AB}}+y\overrightarrow{\mathrm{AQ}} \\
&=\frac{5t}{2(5t+1)}\overrightarrow{\mathrm{AB}}+\frac{1}{5t+1}\overrightarrow{\mathrm{AQ}} \\
&=\frac{5t\overrightarrow{\mathrm{AB}}+2\overrightarrow{\mathrm{AQ}}}{2(5t+1)} \\
&=\frac{5t+2}{2(5t+1)}\cdot\frac{5t\overrightarrow{\mathrm{AB}}+2\overrightarrow{\mathrm{AQ}}}{5t+2}
\end{aligned}$$

◀ 分点公式にあうように，係
数を調整しました．

とできるので，直線 AR と直線 BQ の交点を S と
すると

$$\overrightarrow{\mathrm{AR}}=\frac{5t+2}{2(5t+1)}\overrightarrow{\mathrm{AS}}, \quad \overrightarrow{\mathrm{AS}}=\frac{5t\overrightarrow{\mathrm{AB}}+2\overrightarrow{\mathrm{AQ}}}{5t+2}$$

となる．このとき

$$\mathrm{BS:SQ}=2:5t$$

であるから，点 S が線分 BQ を 3：2 に内分する
ための条件は

$$2:5t=3:2 \quad \therefore \quad t=\frac{4}{15}$$

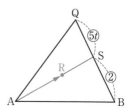

■ メインポイント ■

平面上の点は，2 つのベクトルをそれぞれ実数倍して表す！

5 斜交座標

アプローチ

平面上に座標を設定するとき，いつも見ている直交座標とは違う，**斜交座標**という設定があります．

基準となるベクトル $\overrightarrow{OA}$ と $\overrightarrow{OB}$ を，そのまま延長した直線を s 軸，t 軸と設定します．

◀基準であるベクトルのことを**基底**といいます．

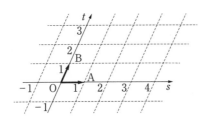

このとき，例えば，点 P(3, 2) をとると右図のようになり

$$\overrightarrow{OP}=3\overrightarrow{OA}+2\overrightarrow{OB}$$

であることがわかります．

一般に，**点 P$(s,\ t)$ に対して**

$$\overrightarrow{OP}=s\overrightarrow{OA}+t\overrightarrow{OB}$$

が成り立ちます．すなわち，

座標＝係数

なのです！　よって，

係数 s，t の条件は座標 $(s,\ t)$ の条件である

と考えられます．

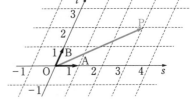

ex) $\overrightarrow{OP}=s\overrightarrow{OA}+t\overrightarrow{OB}$ であり

$$s\geqq0,\ \ t\geqq0,\ \ s+t\leqq1$$

のとき，点Pの存在領域は下図の斜線部分．

◀xy 直交座標で
$$x\geqq0,\ \ y\geqq0$$
$$x+y\leqq1$$
なら，下図の通り．

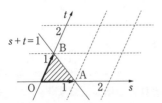

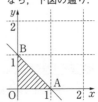

解答

(1) $\overrightarrow{\mathrm{OA}}$, $\overrightarrow{\mathrm{OB}}$ を基底とする斜交座標を考えると, 点 P の存在範囲 D は下図の斜線部分. ただし, 境界はすべて含む.

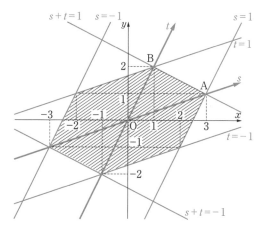

◀ 直交座標なら下図.

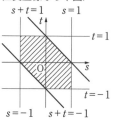

(2) P(x, y), C$(-1, 1)$ に対して
$$\overrightarrow{\mathrm{OP}} \cdot \overrightarrow{\mathrm{OC}} = -x + y$$
である.

$-x + y = k$ として, この直線 (傾き 1) が (1) の領域 D と交わるときを考えると, (1) の図から, $(x, y) = (-2, 1)$ のとき, k の値つまり $\overrightarrow{\mathrm{OP}} \cdot \overrightarrow{\mathrm{OC}}$ は最大値 $-(-2) + 1 = 3$ をとる.

■ **メインポイント** ■

$$\overrightarrow{\mathrm{OP}} = s\overrightarrow{\mathrm{OA}} + t\overrightarrow{\mathrm{OB}} \text{ は, 斜交座標の } (s, t)$$

6 直線に下ろした垂線

アプローチ

$\vec{a}$ と $\vec{b}$ のなす角を θ として，$\vec{a}$ と $\vec{b}$ の**内積**は

$$\vec{a} \cdot \vec{b} = |\vec{a}||\vec{b}|\cos\theta$$

と定義されるので，$\vec{a}$ と $\vec{b}$ が $\vec{0}$ でないとき

$$\vec{a} \perp \vec{b} \iff \vec{a} \cdot \vec{b} = 0$$

が成り立ちます．

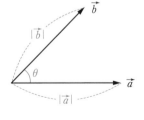

本問は，直線 AB に垂線 CH を下ろすので

　・点Hは直線 AB 上にあること
　・$\overrightarrow{CH} \perp \overrightarrow{AB}$

の 2 つの条件を数式化してあげればイイのです．

なお，本書では

$$座標 (x,\ y,\ z)，ベクトル \begin{pmatrix} x \\ y \\ z \end{pmatrix}$$

と表記して，区別を明確にします．

解答

3 点 A，B，C の座標から

$$\overrightarrow{AB} = \overrightarrow{OB} - \overrightarrow{OA} = \begin{pmatrix} 0 \\ 2 \\ 4 \end{pmatrix} - \begin{pmatrix} 3 \\ -1 \\ 1 \end{pmatrix} = \begin{pmatrix} -3 \\ 3 \\ 3 \end{pmatrix}$$

$$\overrightarrow{AC} = \overrightarrow{OC} - \overrightarrow{OA} = \begin{pmatrix} 1 \\ 0 \\ 4 \end{pmatrix} - \begin{pmatrix} 3 \\ -1 \\ 1 \end{pmatrix} = \begin{pmatrix} -2 \\ 1 \\ 3 \end{pmatrix}$$

となるので

$$|\overrightarrow{AB}|^2 = (-3)^2 + 3^2 + 3^2 = 27$$
$$\overrightarrow{AB} \cdot \overrightarrow{AC} = (-3) \cdot (-2) + 3 \cdot 1 + 3 \cdot 3 = 18$$

である．

点Hは直線 AB 上にあるから

$$\overrightarrow{AH} = k\overrightarrow{AB} \quad (k：実数)$$

と表せる．よって

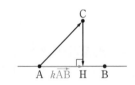

$$\overrightarrow{\mathrm{CH}}=\overrightarrow{\mathrm{AH}}-\overrightarrow{\mathrm{AC}}$$
$$=k\overrightarrow{\mathrm{AB}}-\overrightarrow{\mathrm{AC}}$$

◀始点変換

とでき，$\overrightarrow{\mathrm{CH}}\perp\overrightarrow{\mathrm{AB}}$ なので

$$\overrightarrow{\mathrm{CH}}\cdot\overrightarrow{\mathrm{AB}}=0$$
$$\Longleftrightarrow (k\overrightarrow{\mathrm{AB}}-\overrightarrow{\mathrm{AC}})\cdot\overrightarrow{\mathrm{AB}}=0$$

◀内積は分配できます．

$$\Longleftrightarrow k\,|\overrightarrow{\mathrm{AB}}|^2-\overrightarrow{\mathrm{AB}}\cdot\overrightarrow{\mathrm{AC}}=0$$
$$\Longleftrightarrow 27k-18=0$$
$$\Longleftrightarrow k=\frac{2}{3}$$

したがって

$$\overrightarrow{\mathrm{CH}}=\frac{2}{3}\overrightarrow{\mathrm{AB}}-\overrightarrow{\mathrm{AC}}$$
$$=\frac{2}{3}\begin{pmatrix}-3\\3\\3\end{pmatrix}-\begin{pmatrix}-2\\1\\3\end{pmatrix}$$
$$=\begin{pmatrix}0\\1\\-1\end{pmatrix}$$

であるから

$$|\overrightarrow{\mathrm{CH}}|=\sqrt{0^2+1^2+(-1)^2}=\sqrt{2}$$

参考 　$\overrightarrow{\mathrm{AB}}$ と $\overrightarrow{\mathrm{AC}}$ のなす角を θ とするとき，直角三角形 AHC に注目して
$(\overrightarrow{\mathrm{AH}}$ の符号付き長さ$)=|\overrightarrow{\mathrm{AC}}|\cos\theta$

となります．したがって，θ の大きさに関係なく

$$\overrightarrow{\mathrm{AH}}=\frac{|\overrightarrow{\mathrm{AC}}|\cos\theta}{|\overrightarrow{\mathrm{AB}}|}\overrightarrow{\mathrm{AB}}$$
$$=\frac{|\overrightarrow{\mathrm{AB}}||\overrightarrow{\mathrm{AC}}|\cos\theta}{|\overrightarrow{\mathrm{AB}}||\overrightarrow{\mathrm{AB}}|}\overrightarrow{\mathrm{AB}}$$
$$=\frac{\overrightarrow{\mathrm{AB}}\cdot\overrightarrow{\mathrm{AC}}}{|\overrightarrow{\mathrm{AB}}|^2}\overrightarrow{\mathrm{AB}}$$

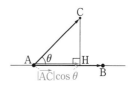

が成り立ちます．これを**正射影ベクトル**といいます．

■ **メインポイント** ■

垂直を見つけたら，内積が 0 であることを利用する！

7 平面に下ろした垂線

アプローチ

三角形の面積は，次の公式で得られます.

――――――――――三角形の面積――――――――――

$$\triangle ABC = \frac{1}{2}\sqrt{|\overrightarrow{AB}|^2|\overrightarrow{AC}|^2-(\overrightarrow{AB}\cdot\overrightarrow{AC})^2}$$

◀ $\overrightarrow{AB}=\begin{pmatrix}x_1\\y_1\end{pmatrix}$, $\overrightarrow{AC}=\begin{pmatrix}x_2\\y_2\end{pmatrix}$ の場合，代入して整理すれば

$$\triangle ABC = \frac{1}{2}|x_1y_2-x_2y_1|$$

となります.

証明

$$\triangle ABC = \frac{1}{2}|\overrightarrow{AB}||\overrightarrow{AC}|\sin\angle CAB$$

$$= \frac{1}{2}|\overrightarrow{AB}||\overrightarrow{AC}|\sqrt{1-\cos^2\angle CAB}$$

$$= \frac{1}{2}\sqrt{|\overrightarrow{AB}|^2|\overrightarrow{AC}|^2-|\overrightarrow{AB}|^2|\overrightarrow{AC}|^2\cos^2\angle CAB}$$

$$= \frac{1}{2}\sqrt{|\overrightarrow{AB}|^2|\overrightarrow{AC}|^2-(\overrightarrow{AB}\cdot\overrightarrow{AC})^2}$$

（証明終了）

(3)では

・点Hが平面 ABC 上にあること

・$\overrightarrow{OH}\perp$(平面 ABC)

の2つの条件を数式化してあげればイイはずです.

$\overrightarrow{OH}\perp$(平面 ABC) とは，$\overrightarrow{OH}$ と平面 ABC 上の任意のベクトルが垂直になることです. そして，平面 ABC 上の任意のベクトルは $\overrightarrow{AB}$ と $\overrightarrow{AC}$ を用いて表せるので

$\overrightarrow{OH}\perp\overrightarrow{AB}$ かつ $\overrightarrow{OH}\perp\overrightarrow{AC}$

◀ とすれば OK！

―――――――――――――――――――――――――――

解答

(1) B$(b, 0, 0)$, C$(0, c, 0)$, D$(0, 0, d)$ とおけて，四角形 ABCD が平行四辺形であることから $\overrightarrow{AB}=\overrightarrow{DC}$ が成り立つ. よって

$$\begin{pmatrix}b-\sqrt{2}\\-\sqrt{3}\\-\sqrt{6}\end{pmatrix}=\begin{pmatrix}0\\c\\-d\end{pmatrix} \quad \therefore \begin{cases}b=\sqrt{2}\\c=-\sqrt{3}\\d=\sqrt{6}\end{cases}$$

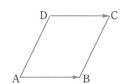

したがって

B$(\sqrt{2}, 0, 0)$, C$(0, -\sqrt{3}, 0)$, D$(0, 0, \sqrt{6})$

(2) (1)の結果から

$$\overrightarrow{AB}=\begin{pmatrix}0\\-\sqrt{3}\\-\sqrt{6}\end{pmatrix}, \quad \overrightarrow{AC}=\begin{pmatrix}-\sqrt{2}\\-2\sqrt{3}\\-\sqrt{6}\end{pmatrix}$$

$$\therefore |\overrightarrow{AB}|^2=9, \quad |\overrightarrow{AC}|^2=20, \quad \overrightarrow{AB}\cdot\overrightarrow{AC}=12$$

なので，平行四辺形 ABCD の面積は

$$2\triangle\mathrm{ABC}=2\cdot\frac{1}{2}\sqrt{|\overrightarrow{\mathrm{AB}}|^2|\overrightarrow{\mathrm{AC}}|^2-(\overrightarrow{\mathrm{AB}}\cdot\overrightarrow{\mathrm{AC}})^2}$$
$$=\sqrt{9\cdot20-12^2}$$
$$=6$$

(3) 点Hは平面 ABC 上にあるので

$$\overrightarrow{\mathrm{AH}}=s\overrightarrow{\mathrm{AB}}+t\overrightarrow{\mathrm{AC}}\quad(s,\ t：実数)$$

と表せる．よって

$$\overrightarrow{\mathrm{OH}}=\overrightarrow{\mathrm{OA}}+s\overrightarrow{\mathrm{AB}}+t\overrightarrow{\mathrm{AC}}\quad\cdots\cdots(*)$$

とできるから

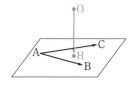

$$\begin{aligned}\overrightarrow{\mathrm{OH}}\cdot\overrightarrow{\mathrm{AB}}&=(\overrightarrow{\mathrm{OA}}+s\overrightarrow{\mathrm{AB}}+t\overrightarrow{\mathrm{AC}})\cdot\overrightarrow{\mathrm{AB}}\\&=\overrightarrow{\mathrm{OA}}\cdot\overrightarrow{\mathrm{AB}}+s|\overrightarrow{\mathrm{AB}}|^2+t\overrightarrow{\mathrm{AB}}\cdot\overrightarrow{\mathrm{AC}}\\&=-9+9s+12t\end{aligned}$$

◀ 内積は分配できます．

$$\begin{aligned}\overrightarrow{\mathrm{OH}}\cdot\overrightarrow{\mathrm{AC}}&=(\overrightarrow{\mathrm{OA}}+s\overrightarrow{\mathrm{AB}}+t\overrightarrow{\mathrm{AC}})\cdot\overrightarrow{\mathrm{AC}}\\&=\overrightarrow{\mathrm{OA}}\cdot\overrightarrow{\mathrm{AC}}+s\overrightarrow{\mathrm{AB}}\cdot\overrightarrow{\mathrm{AC}}+t|\overrightarrow{\mathrm{AC}}|^2\\&=-14+12s+20t\end{aligned}$$

◀ $\overrightarrow{\mathrm{OA}}\cdot\overrightarrow{\mathrm{AB}}$ の値だけ，改めて計算しましょう．

となる．

$\overrightarrow{\mathrm{OH}}\perp$（平面 ABC）から $\begin{cases}\overrightarrow{\mathrm{OH}}\cdot\overrightarrow{\mathrm{AB}}=0\\\overrightarrow{\mathrm{OH}}\cdot\overrightarrow{\mathrm{AC}}=0\end{cases}$ なので

$$\begin{cases}-9+9s+12t=0\\-14+12s+20t=0\end{cases}\quad\therefore\ (s,\ t)=\left(\frac{1}{3},\ \frac{1}{2}\right)$$

したがって，（*）から

$$\overrightarrow{\mathrm{OH}}=\begin{pmatrix}\sqrt{2}\\\sqrt{3}\\\sqrt{6}\end{pmatrix}+\frac{1}{3}\begin{pmatrix}0\\-\sqrt{3}\\-\sqrt{6}\end{pmatrix}+\frac{1}{2}\begin{pmatrix}-\sqrt{2}\\-2\sqrt{3}\\-\sqrt{6}\end{pmatrix}$$

$$=\frac{1}{6}\begin{pmatrix}3\sqrt{2}\\-2\sqrt{3}\\\sqrt{6}\end{pmatrix}$$

$$\therefore\ \mathrm{H}\left(\frac{\sqrt{2}}{2},\ -\frac{\sqrt{3}}{3},\ \frac{\sqrt{6}}{6}\right)$$

▪ メインポイント ▪

垂線の足は，平面上にあることと，垂直であることの２条件から求める！

アプローチ

空間内の直線は**ベクトル方程式**で表すのが基本です.

ベクトル方程式なんていうと難しく考えてしまうかもしれませんが, 今までやってきたことと何も変わりません.

点 A' は直線 PA 上にあるので, 実数 t を用いて

$$\overrightarrow{AA'}=t\overrightarrow{PA}$$

と表せます. よって

$$\overrightarrow{OA'}=\overrightarrow{OA}+t\overrightarrow{PA}$$

とできます. これが**直線 PA のベクトル方程式**です.

そして, これを成分で表すために, 点Pを文字でおくのですが, 「点Pは半径1の円周上」にあるので三角関数の出番です.

直線 PA のベクトル方程式が作れたら, 次に xy 平面との交点を求めるわけですが, xy 平面は $z=0$ なので, $z=0$ となるパラメータ t の値を求めれば A' の座標がわかります.

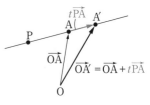

解答

(1) 点Pを $(\cos\theta,\ \sin\theta,\ 2)$ とおく. ただし, $0\leqq\theta<2\pi$ とする.

このとき, 直線 PA のベクトル方程式は, 実数 t を用いて

$$\begin{pmatrix} x \\ y \\ z \end{pmatrix} = \begin{pmatrix} 1 \\ 0 \\ 1 \end{pmatrix} + t\begin{pmatrix} 1-\cos\theta \\ -\sin\theta \\ -1 \end{pmatrix}$$

と表せる.

この直線と xy 平面の交点は, $z=0$ から

$$1-t=0 \quad \text{すなわち} \quad t=1$$

$$\therefore \quad A'(2-\cos\theta,\ -\sin\theta,\ 0)$$

よって, A' の軌跡は xy 平面における中心 $(2,\ 0)$, 半径 1 の円であるから, その方程式は

$$(x-2)^2+y^2=1$$

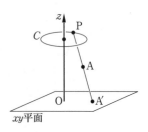

◀$X=2-\cos\theta,\ Y=-\sin\theta$ とすると
$$\begin{aligned}(X-2)^2+Y^2 &=(-\cos\theta)^2+(-\sin\theta)^2 \\ &=1\end{aligned}$$

(2)　点 A′ が(1)で得られた円周上を動くので，線分
OA′ の動く領域は下図の斜線部分である．

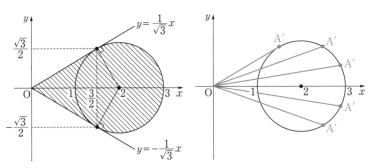

(3)　図から，求める面積は半径 1，中心角 $\dfrac{4}{3}\pi$ の扇

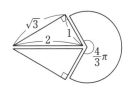

形と 2 つの直角三角形の和だから

$$\frac{1}{2}\cdot 1^2\cdot\frac{4}{3}\pi+2\cdot\frac{1}{2}\cdot 1\cdot\sqrt{3}=\frac{2}{3}\pi+\sqrt{3}$$

補足　直線 PA のベクトル方程式を
$$\overrightarrow{OA'}=\overrightarrow{OP}+t\overrightarrow{PA}$$
$$\therefore\quad\begin{pmatrix}x\\y\\z\end{pmatrix}=\begin{pmatrix}\cos\theta\\\sin\theta\\2\end{pmatrix}+t\begin{pmatrix}1-\cos\theta\\-\sin\theta\\-1\end{pmatrix}$$

としても構いません．この場合，$z=0$ となる t の値は $t=2$ ですが，点 A′ の
座標は [解答] と同じものになります．

ちなみに，点 P の z 座標が 2 で，点 A の z 座標が 1 なので
$$\overrightarrow{AA'}=\overrightarrow{PA}$$

となります．これがイメージできたら，ベクトル方程式を立てなくても A′ の座
標を求められます．

■◆メインポイント◆■

空間内の直線は，ベクトル方程式で表す！

厳密には学習指導要領の範囲外ですが，**平面の方程式の知識を持っていても損はしません.**

平面の方程式

点 $(x_0,\ y_0,\ z_0)$ を通り，$\vec{n}=\begin{pmatrix}a\\b\\c\end{pmatrix}$ に垂直な平面

の方程式は

$$a(x-x_0)+b(y-y_0)+c(z-z_0)=0$$

◀この $\vec{n}$ を**法線ベクトル**といいます.

証明

点 A$(x_0,\ y_0,\ z_0)$ を通り，$\vec{n}=\begin{pmatrix}a\\b\\c\end{pmatrix}$ に垂直な平面上

の任意の点 P を P$(x,\ y,\ z)$ とすれば，$\overrightarrow{\mathrm{AP}}\cdot\vec{n}=0$ が

成り立つから

$$\begin{pmatrix}x-x_0\\y-y_0\\z-z_0\end{pmatrix}\cdot\begin{pmatrix}a\\b\\c\end{pmatrix}=0$$

$$\therefore\quad a(x-x_0)+b(y-y_0)+c(z-z_0)=0$$

（証明終了）

解答

(1) 平面 α の方程式は

$$-3\cdot(x-1)+1\cdot(y-2)+2\cdot(z-4)=0$$

$$\therefore\quad -3x+y+2z-7=0 \quad\cdots\cdots①$$

点 P から平面 α に下ろした垂線の足を H とし，実数 k を用いて

$$\begin{aligned}
\overrightarrow{\mathrm{OH}}&=\overrightarrow{\mathrm{OP}}+\overrightarrow{\mathrm{PH}}\\
&=\overrightarrow{\mathrm{OP}}+k\vec{n}\\
&=\begin{pmatrix}-2\\1\\7\end{pmatrix}+k\begin{pmatrix}-3\\1\\2\end{pmatrix}\\
&=\begin{pmatrix}-2-3k\\1+k\\7+2k\end{pmatrix}
\end{aligned}$$

と表せる．これを①に代入して

$$-3(-2-3k)+(1+k)+2(7+2k)-7=0$$

$$\therefore \quad k=-1$$

よって

$$\overrightarrow{\mathrm{OR}}=\overrightarrow{\mathrm{OP}}+2\overrightarrow{\mathrm{PH}}$$

$$=\overrightarrow{\mathrm{OP}}+2k\vec{n}$$

$$=\begin{pmatrix}-2\\1\\7\end{pmatrix}-2\begin{pmatrix}-3\\1\\2\end{pmatrix}=\begin{pmatrix}4\\-1\\3\end{pmatrix}$$

$$\therefore \quad \mathbf{R(4,\ -1,\ 3)}$$

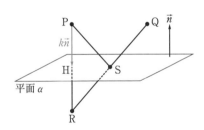

(2) PS＝RS が成り立つから

$$\mathrm{PS}+\mathrm{QS}=\mathrm{RS}+\mathrm{QS}$$

である．よって，PS＋QS が最小になるのは，R，S，Q が一直線上に並ぶときである．

直線 RQ のベクトル方程式は

$$\begin{pmatrix}x\\y\\z\end{pmatrix}=\begin{pmatrix}1\\3\\7\end{pmatrix}+t\begin{pmatrix}3\\-4\\-4\end{pmatrix}=\begin{pmatrix}1+3t\\3-4t\\7-4t\end{pmatrix}\quad \cdots\cdots②$$

◀ Q(1, 3, 7)，
R(4, −1, 3) から

$$\overrightarrow{\mathrm{QR}}=\begin{pmatrix}3\\-4\\-4\end{pmatrix}\ \text{です．}$$

これを①に代入して

$$-3(1+3t)+(3-4t)+2(7-4t)-7=0$$

$$\therefore \quad t=\frac{1}{3}$$

このとき，②から

$$\mathrm{S}\left(2,\ \frac{5}{3},\ \frac{17}{3}\right)$$

であり

$$\mathrm{PS}+\mathrm{QS}=\mathrm{RQ}$$

$$=\sqrt{3^2+(-4)^2+(-4)^2}$$

$$=\sqrt{41}$$

■ メインポイント ■

通る１点と法線ベクトルがわかれば，平面の方程式が作れる！

10 球と直線

アプローチ

点Cを中心とする，半径 r の球面上の任意の点Pに対して

$$|\overrightarrow{CP}|=r \text{ すなわち } |\overrightarrow{OP}-\overrightarrow{OC}|=r$$

が成り立ちます．これを**球面の方程式**といいます．

さらに，$C(a,\ b,\ c)$，$P(x,\ y,\ z)$ とすると

$$\overrightarrow{CP}=\begin{pmatrix} x-a \\ y-b \\ z-c \end{pmatrix}$$

なので，$|\overrightarrow{CP}|=r$ から

$$(x-a)^2+(y-b)^2+(z-c)^2=r^2$$

とできます．

(3)では，点Pが球面上を動くとき，直線 AQ が球面と共有点をもつので，その条件を(2)をヒントに考えます．

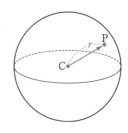

解答

(1) $\overrightarrow{CH}\perp\overrightarrow{AQ}$ より

$$\overrightarrow{CH}\cdot\overrightarrow{AQ}=0$$
$$\Longleftrightarrow (\overrightarrow{AH}-\overrightarrow{AC})\cdot\overrightarrow{AQ}=0$$
$$\Longleftrightarrow (k\overrightarrow{AQ}-\overrightarrow{AC})\cdot\overrightarrow{AQ}=0$$
$$\Longleftrightarrow k|\overrightarrow{AQ}|^2-\overrightarrow{AC}\cdot\overrightarrow{AQ}=0$$
$$\Longleftrightarrow k=\frac{\overrightarrow{AC}\cdot\overrightarrow{AQ}}{|\overrightarrow{AQ}|^2}$$

ここで

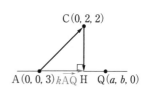

$$\overrightarrow{AC}\cdot\overrightarrow{AQ}=\begin{pmatrix} 0 \\ 2 \\ -1 \end{pmatrix}\cdot\begin{pmatrix} a \\ b \\ -3 \end{pmatrix}=2b+3$$

$$|\overrightarrow{AQ}|^2=a^2+b^2+9$$

であるから

$$k=\frac{2b+3}{a^2+b^2+9}$$

(2) 直角三角形 ACH における三平方の定理より

$$CH^2 = |\overrightarrow{AC}|^2 - |\overrightarrow{AH}|^2$$
$$= |\overrightarrow{AC}|^2 - k^2|\overrightarrow{AQ}|^2$$
$$= 5 - \left(\frac{2b+3}{a^2+b^2+9}\right)^2 \cdot (a^2+b^2+9)$$
$$= \frac{5a^2+b^2-12b+36}{a^2+b^2+9}$$

$$\therefore \quad CH = \sqrt{\frac{5a^2+b^2-12b+36}{a^2+b^2+9}}$$

◀ $\overrightarrow{AC} = \begin{pmatrix} 0 \\ 2 \\ -1 \end{pmatrix}$ から

$|\overrightarrow{AC}|^2 = 0^2 + 2^2 + (-1)^2 = 5$

(3) 点Pが球面上を動くとき，CH≦(球の半径) すなわち CH≦1 が成り立つので

◀円と直線の位置関係を調べるときと同様です.

$$\sqrt{\frac{5a^2+b^2-12b+36}{a^2+b^2+9}} \leqq 1$$
$$\Longleftrightarrow 5a^2+b^2-12b+36 \leqq a^2+b^2+9$$
$$\Longleftrightarrow 4a^2+27 \leqq 12b$$
$$\Longleftrightarrow \frac{1}{3}a^2 + \frac{9}{4} \leqq b$$

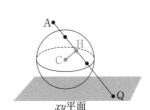

xy平面

よって，点Qの存在範囲は

$$\frac{1}{3}x^2 + \frac{9}{4} \leqq y$$

であり，次図の灰色部分. 境界はすべて含む.

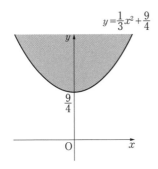

$y = \frac{1}{3}x^2 + \frac{9}{4}$

■■ メインポイント ■■

円と直線のときと同様に，球と直線が交わるかどうかは，
中心と直線の距離と半径の大小で決まる！

いろいろな関数

11 分数関数と無理関数

アプローチ

[A]　不等式なので，安易に分母を払って

　　　$5x-6>(x-2)(x+1)$

としてはダメです．グラフを見て適する x の値の
範囲を求めましょう．

◀ $(x-2)$ が負なら，不等号
が逆向きになります．

　　分数関数は $y=\dfrac{a}{x}$ を基本として，これを x 軸

方向に p，y 軸方向に q 平行移動したものは

$$y=\dfrac{a}{x-p}+q$$

◀ $y=\dfrac{a}{x}$ は反比例の式です．

と表せます．

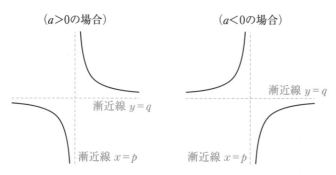

$(a>0の場合)$　　　　　$(a<0の場合)$

漸近線 $y=q$　　　漸近線 $y=q$

漸近線 $x=p$　　　漸近線 $x=p$

[B]　無理関数は $y=\sqrt{ax}$ を基本として，これを x
軸方向に p，y 軸方向に q 平行移動したものは

$$y=\sqrt{a(x-p)}+q$$

◀ $y=\sqrt{ax}$ は
　　$y^2=ax$ $(y\geqq0)$
とできるので，横向き放物
線の $y\geqq0$ の部分です．

と表せます．

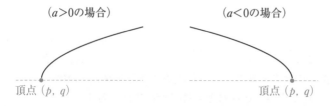

$(a>0の場合)$　　　　　$(a<0の場合)$

頂点 $(p,\ q)$　　　　　　　　頂点 $(p,\ q)$

[A] 曲線

$$y = \frac{5x-6}{x-2} = 5 + \frac{4}{x-2}$$

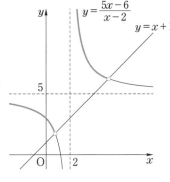

と直線 $y = x+1$ のグラフは右の通り.

$x \neq 2$ において，交点の x 座標を求めると

$$\frac{5x-6}{x-2} = x+1$$
$$\iff 5x-6 = (x+1)(x-2)$$
$$\iff x^2 - 6x + 4 = 0$$
$$\iff x = 3 \pm \sqrt{5}$$

よって，与式に適するのはグラフの青線部分だから

$$x < 3 - \sqrt{5},\ 2 < x < 3 + \sqrt{5}$$

[B] 与式から

$$\sqrt{3+x} = -x^2 + 3 \quad \cdots\cdots ①$$

とできるので，求める実数解は右図の交点の x 座標である.

$-x^2 + 3 > 0$ すなわち $-\sqrt{3} < x < \sqrt{3}$ において

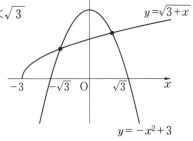

$$① \iff 3+x = x^4 - 6x^2 + 9$$
$$\iff x^4 - 6x^2 - x + 6 = 0$$
$$\iff (x+2)(x-1)(x^2 - x - 3) = 0$$
$$\iff x = -2,\ 1,\ \frac{1 \pm \sqrt{13}}{2}$$

$-\sqrt{3} < x < \sqrt{3}$ に注意して，求める実数解は

$$x = 1,\ \frac{1 - \sqrt{13}}{2}$$

■ メインポイント ■

方程式・不等式はグラフを見て考える！

12 無理関数のグラフと直線の交点

アプローチ

無理関数 $y=\sqrt{x+2}$ と直線 $y=x+a$ の交点を調べたいので，y を消去した

$$\sqrt{x+2}=x+a$$

の実数解を考えてもいいのですが，安易に2乗して

$$x+2=(x+a)^2$$

としてはダメです．

$y=\sqrt{x+2}$ の定義域と，$\sqrt{x+2}\geqq 0$ に注意して

$$x+2=(x+a)^2 \quad \text{かつ} \quad x\geqq -2 \quad \text{かつ} \quad x+a\geqq 0$$

とするべきです．少しメンドウですね．

本間は，**直接2つのグラフの様子を見た方が早そう**です．$y=\sqrt{x+2}$ は横向き放物線（の $y\geqq 0$ の部分）で，傾き1の直線 $y=x+a$ を上下に動かすだけですから．

2つのグラフが接するときの a の値は

① **微分の利用**
② **重解条件**

の2つの方法で求められます．

◀一般的には，「2乗」は同値変形ではありません．

◀一方が直線なので，2つのグラフの交わり方がわかりやすいのです．

◀ **補足** 参照．

解答

$y=\sqrt{x+2}$ を微分すると $y'=\dfrac{1}{2\sqrt{x+2}}$ なので

$$\frac{1}{2\sqrt{x+2}}=1 \iff \sqrt{x+2}=\frac{1}{2}$$

$$\iff x+2=\frac{1}{4}$$

$$\iff x=-\frac{7}{4}$$

このとき，y 座標は

$$y=\sqrt{x+2}=\sqrt{\left(-\frac{7}{4}\right)+2}=\frac{1}{2}$$

であるから，曲線 $y=\sqrt{x+2}$ の接線のうちで傾きが
1 になるものの接点は $\left(-\dfrac{7}{4},\ \dfrac{1}{2}\right)$ である．

この点を直線 $y=x+a$ が通るとき

$$a=y-x=\frac{1}{2}-\left(-\frac{7}{4}\right)=\frac{9}{4}$$

なので，グラフとあわせて，曲線 $y=\sqrt{x+2}$ と直線
$y=x+a$ が共有点をもつときの a の値の範囲は

$$a\leqq\frac{9}{4}$$

また，直線 $y=x+a$ が点 $(-2,\ 0)$ を
通るとき

$$a=y-x=0-(-2)=2$$

であるから，曲線 $y=\sqrt{x+2}$ と
直線 $y=x+a$ が，y 座標が正の共有点
をちょうど 2 個もつときの a の値の範囲
は

$$2<a<\frac{9}{4}$$

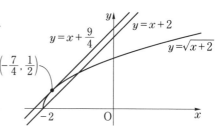

共有点の y 座標は「正」な
ので，「$a=2$」は含みませ
ん．

補足 接するときの a の値は，$x+2=(x+a)^2$ すなわち
$x^2+(2a-1)x+a^2-2=0$ が重解をもつ条件から

$$判別式：(2a-1)^2-4\cdot1\cdot(a^2-2)=0$$
$$\Longleftrightarrow\ -4a+9=0$$
$$\Longleftrightarrow\ a=\frac{9}{4}$$

と求めることもできます．

これは，横向き放物線の $y<0$ の部分もあるものと考えている計算ですが，
解答 の図から「接する点は $y\geqq0$ の部分にある」とわかるので，とくに問題は
ありません．

■■ **メインポイント** ■■

無理関数のグラフと直線の接点は，微分の利用 or 重解条件！

13 逆関数

ある関数に対して「y から x に戻す関数」を逆関数と呼びます. つまり, $y=f(x)$ を x について解いて $x=g(y)$ とできたときの関数 g を関数 f の逆関数と呼び, この g を f^{-1} と書きます.

このとき, $y=f(x)$ のグラフと $y=f^{-1}(x)$ のグラフは

直線 $y=x$ に関して対称

となります.

ex) x を 2^x に移す関数が $f(x)=2^x$ で, 逆に 2^x を x に「戻す関数」が $f^{-1}(y)=\log_2 y$ です.

$y=2^x$ を x について解けば $x=\log_2 y$ です.

$y=2^x$ のグラフと $y=\log_2 x$ のグラフは, 直線 $y=x$ に関して対称です.

◀ $y=f(x)$ と $x=f^{-1}(y)$ のグラフは同じですが, x と y を入れかえているので, $y=f(x)$ と $y=f^{-1}(x)$ のグラフは $y=x$ に関して対称です.

◀ $f^{-1}(2^x)=\log_2(2^x)=x$

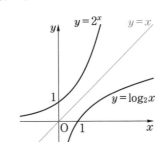

解答

(1) $y=\sqrt{7x-3}-1$ $\left(x\geqq\dfrac{3}{7},\ y\geqq-1\right)$ とすると

$$y+1=\sqrt{7x-3}$$
$$\Longleftrightarrow y^2+2y+1=7x-3$$
$$\Longleftrightarrow x=\frac{1}{7}y^2+\frac{2}{7}y+\frac{4}{7}$$

したがって

$$f^{-1}(y)=\frac{1}{7}y^2+\frac{2}{7}y+\frac{4}{7}\quad(y\geqq-1)$$

$$\therefore\ f^{-1}(x)=\frac{1}{7}x^2+\frac{2}{7}x+\frac{4}{7}\quad(x\geqq-1)$$

◀ $x\geqq\dfrac{3}{7}$ は定義域, $y\geqq-1$ は値域です.

◀ $x\geqq\dfrac{3}{7}$, $y\geqq-1$ において, この「2乗」は同値変形です.

(2) $x \geqq \dfrac{3}{7}$ において

$$\sqrt{7x-3}-1=x$$
$$\iff 7x-3=(x+1)^2$$
$$\iff x^2-5x+4=0$$
$$\iff (x-1)(x-4)=0$$
$$\iff x=1,\ 4$$

◀ $x \geqq \dfrac{3}{7}$ より $x+1 \geqq 0$ です.

よって，$y=f(x)$ と $y=x$ の交点の座標は

(1, 1), (4, 4)

(3) $y=f(x)$ のグラフと $y=f^{-1}(x)$ のグラフ
は，直線 $y=x$ に関して対称であることに
注意して右図のようになる.

したがって，$f^{-1}(x) \leqq f(x)$ となるのは右
図の青線部分だから

$$1 \leqq x \leqq 4$$

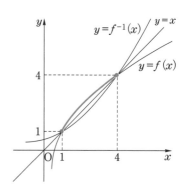

━ ■ メインポイント ■ ━

逆関数とは「戻す関数」

14 合成関数

アプローチ

2 つの関数 $f(x)$, $g(x)$ に対して，$\boldsymbol{f(g(x))}$ を
「$f(x)$ に $g(x)$ を合成した**合成関数**」と呼びます．

◀ $f(g(x))$ を $(f \circ g)(x)$ と
書くこともあります．

これは，記号 $f(g(x))$ からもわかるように，$\boldsymbol{f(x)}$
の $\boldsymbol{x}$ を $\boldsymbol{g(x)}$ で置き換えたものです．

一般的には，合成の順番を交換できません．

ex) $f(x)=x^2$, $g(x)=e^x$ のとき

$$f(g(x))=\{g(x)\}^2=(e^x)^2=e^{2x}$$
$$g(f(x))=e^{f(x)}=e^{x^2}$$

本書においては先の話です
が，微分の計算のときに，
◀ この違いが大切になります．

解答

$f(x)=\dfrac{2x+1}{3x+1}$, $g(x)=\dfrac{4x+2}{5x+1}$ から

$$g(f(x))=\frac{4f(x)+2}{5f(x)+1}$$

◀ $g(x)$ の x を $f(x)$ で置き
換えます．

$$=\frac{4 \cdot \dfrac{2x+1}{3x+1}+2}{5 \cdot \dfrac{2x+1}{3x+1}+1}$$

$$=\frac{\boldsymbol{14x+6}}{\boldsymbol{13x+6}}$$

$$f(g(x))=\frac{2g(x)+1}{3g(x)+1}$$

◀ $f(x)$ の x を $g(x)$ で置き
換えます．

$$=\frac{2 \cdot \dfrac{4x+2}{5x+1}+1}{3 \cdot \dfrac{4x+2}{5x+1}+1}$$

$$=\frac{\boldsymbol{13x+5}}{\boldsymbol{17x+7}}$$

次に，$h(x) \neq -\dfrac{1}{3}$ となる x に対して，$f(h(x))=x$ から

$$\frac{2h(x)+1}{3h(x)+1}=x$$

◀ $f(x)$ の x を $h(x)$ で置き
換えます．

$$\Longleftrightarrow 2h(x)+1=3xh(x)+x$$
$$\Longleftrightarrow (3x-2)h(x)=-x+1$$

ここで，$3x-2=0$ すなわち $x=\dfrac{2}{3}$ とすると

$$0 = \frac{1}{3}$$

となり，不適.

よって，$3x-2 \neq 0$ である.

$$\therefore \quad h(x) = \frac{-x+1}{3x-2}$$

補足

$f(x)$ の逆関数 $f^{-1}(x)$ を求めてみましょう.

$x \neq -\dfrac{1}{3}$ において

$$y = \frac{2x+1}{3x+1} \iff y(3x+1) = 2x+1$$
$$\iff (3y-2)x = -y+1$$
$$\iff x = \frac{-y+1}{3y-2}$$
$$\therefore \quad f^{-1}(x) = \frac{-x+1}{3x-2}$$

◀ $y = \dfrac{2}{3}$ とすると $0 = \dfrac{1}{3}$ となるので，$y \neq \dfrac{2}{3}$ としてよい.

なんと，$h(x)$ に一致しました. しかし，これは偶然ではありません.

条件 $f(h(x)) = x$ が意味するところは「x を関数 h で移し，その結果を関数 f で移したら，最初の x に**戻る**」ということです. すなわち，関数 f は関数 h に対して「**もとに戻す関数**」なのです.

$$x \xrightarrow[f]{h} h(x)$$

よって，f は h の逆関数であり，h は f の逆関数であるといえます.

一般的に

$$f(f^{-1}(x)) = f^{-1}(f(x)) = x$$

が成り立ちます.

$$x \xrightarrow[f^{-1}]{f} f(x)$$

$$f^{-1}(x) \xrightarrow[f^{-1}]{f} x$$

■┃**メインポイント**┃■

$f(g(x))$ は，$f(x)$ の x を $g(x)$ で置き換えたもの！

数列・関数の極限

15 数列の極限計算

アプローチ

n を ∞（無限大）にトバしたときに数列の値がどこに近づくのかを考えるのですが，計算するときに，問題になるのが**不定形**といわれる形です．

> ∞ は数値ではなく
> 「めっちゃデカい数」
> という概念です．

不定形の代表4パターン

$$\frac{\infty}{\infty}, \quad \infty-\infty, \quad \infty\cdot 0, \quad \frac{0}{0}$$

◀ だから，例えば $\dfrac{\infty}{\infty}$ を約分なんかして1にするのはダメですよ．

この**不定形**をどのようにして解消するかが，極限計算のテーマになります．

解答

[A](1) 両辺の逆数をとると

$$\frac{a_{n+1}+1}{a_{n+1}} = \frac{1+4na_n}{a_n}$$

$$\iff \frac{1}{a_{n+1}} = \frac{1}{a_n}+4n-1$$

よって，数列 $\left\{\dfrac{1}{a_n}\right\}$ の階差数列が $\{4n-1\}$ なので

$$\frac{1}{a_n} = \frac{1}{a_1}+\sum_{k=1}^{n-1}(4k-1) \quad (n\geqq 2)$$

$$= 1+\frac{1}{2}(n-1)\{3+(4n-5)\}$$

$$= 2n^2-3n+2 \quad (n=1 \text{ のときも成立})$$

$$\therefore \quad a_n = \frac{1}{2n^2-3n+2}$$

(2) (1)の結果から

$$\lim_{n\to\infty}n^2a_n = \lim_{n\to\infty}\frac{n^2}{2n^2-3n+2}$$

$$= \lim_{n\to\infty}\frac{1}{2-\dfrac{3}{n}+\dfrac{2}{n^2}} = \frac{1}{2}$$

> n をめっちゃデカい数にするとき，n^2 に比べて n や定数はものすごく小さいゴミみたいなものです．
> だから，このとき
> $$\frac{n^2}{2n^2-3n+2} \fallingdotseq \frac{n^2}{2n^2} = \frac{1}{2}$$
> ◀ と，感覚的に答えがわかります．

[B] 数列 $\{a_n\}$ の階差数列が $\{2n+5\}$ なので

$$a_n = 5 + \sum_{k=1}^{n-1}(2k+5) \quad (n \geqq 2)$$

$$= 5 + \frac{1}{2}(n-1)\{7+(2n+3)\}$$

$$= 1n^2 + 4n + 0 \quad (n=1 \text{ のときも成立})$$

このとき

$$\lim_{n\to\infty}(\sqrt{a_n} - n) = \lim_{n\to\infty}(\sqrt{n^2+4n} - n)$$

◀ $\infty - \infty$ の形の不定形より

$$= \lim_{n\to\infty}\frac{(n^2+4n) - n^2}{\sqrt{n^2+4n} + n}$$

も，[A](2)のような $\frac{\infty}{\infty}$ の

$$= \lim_{n\to\infty}\frac{4}{\sqrt{1+\dfrac{4}{n}} + 1}$$

形の方が処理しやすいので，分子の有理化を行います．

$$= \frac{4}{\sqrt{1} + 1}$$

$$= 2$$

であり，また

$$\lim_{n\to\infty}\left(\sqrt{\frac{a_n}{n}} - \sqrt{n}\right) = \lim_{n\to\infty}\frac{\sqrt{a_n} - n}{\sqrt{n}}$$

◀ $\dfrac{2}{\infty} = 0$ です．

$$= 0$$

補足

　分数式の極限計算は，感覚的に先に答えがわかることが多く，その答えにするためのタテマエとして式変形します．そのとき，**分母を定数化させるような式変形**をすることが基本です．つまり，例えば[A](2)では，答えが $\dfrac{1}{2}$ と予想できているから，分母の $2n^2$ を 2 にするために n^2 で割っているのです．

■■■ **メインポイント** ■■■

分数式の極限計算は，分母を定数化するように式変形！

16 等比級数の和

アプローチ

数列の初項から第∞項までの和を**無限級数**といい，次のように定義します．

$$\sum_{n=1}^{\infty} a_n = \lim_{n \to \infty} \sum_{k=1}^{n} a_k$$

つまり，**まずは第n項までの和を求め**，その後，n を∞に**トバす**のです！

数列 $\{a_n\}$ が公比 r $(r \neq 1)$ の等比数列の場合

$$\sum_{n=1}^{\infty} a_n = \lim_{n \to \infty} \sum_{k=1}^{n} a_k = \lim_{n \to \infty} \frac{a_1(1-r^n)}{1-r} \quad \cdots(*)$$

◀ これを無限**等比級数の和**といいます．

となるので，これが収束するかどうかは r^n に依存します．

◀ 厳密には，$a_1 = 0$ のときも収束します．

一般に，等比数列 $\{r^n\}$ の極限は

①	$-1 < r < 1$	のとき	0
②	$r = 1$	のとき	1
③	$1 < r$	のとき	∞
④	$r \leqq -1$	のとき	振動

①② 収束　③④ 発散

このとき
$$\sum_{n=1}^{\infty} a_n = \frac{a_1}{1-r}$$

なので，$(*)$ が**収束するのは $-1 < r < 1$ のとき**です．◀ となります．

解答

(1)　題意の等比級数は，初項 a が 0 でなく，公比が $x(1-ax)$ だから，収束する条件は
$$-1 < x(1-ax) < 1$$
である．ここで
$$x(1-ax) = -ax^2 + x$$

◀ x についての 2 次関数．

$$= -a\left(x - \frac{1}{2a}\right)^2 + \frac{1}{4a}$$
$$\leqq \frac{1}{4a} < 1 \quad (\because \quad a > 1)$$

なので，$x(1-ax) < 1$ はつねに成り立つ．
よって，$-1 < x(1-ax)$ から
$$ax^2 - x - 1 < 0$$

$$\therefore \quad \frac{1-\sqrt{1+4a}}{2a} < x < \frac{1+\sqrt{1+4a}}{2a}$$

このとき，和 $S(x)$ は

$$S(x) = \lim_{n\to\infty} \sum_{k=1}^{n} a\{x(1-ax)\}^{k-1}$$

$$= \lim_{n\to\infty} \frac{a\{1-\{x(1-ax)\}^{n}\}}{1-x(1-ax)}$$

$$= \frac{a}{1-x+ax^2}$$

◀ $-1 < x(1-ax) < 1$ だから，$\displaystyle \lim_{n\to\infty}\{x(1-ax)\}^{n}=0$

(2) $f(x) = 1-x+ax^2$ とすると

$$f(x) = a\left(x-\frac{1}{2a}\right)^2 + \frac{4a-1}{4a}$$

であり，$\dfrac{1-\sqrt{1+4a}}{2a} < \dfrac{1}{2a} < \dfrac{1+\sqrt{1+4a}}{2a}$ であるこ

とに注意して

◀ 軸が定義域の中にあるということです．

$$f(x) \geqq f\left(\frac{1}{2a}\right) = \frac{4a-1}{4a}$$

また，$-1 < x(1-ax)$ から

$$ax^2 - x - 1 < 0$$

$$\Longleftrightarrow ax^2 - x + 1 < 2$$

$$\Longleftrightarrow f(x) < 2$$

したがって

$$\frac{4a-1}{4a} \leqq f(x) < 2$$

が成り立つので

$$\frac{1}{2} < \frac{1}{f(x)} \leqq \frac{4a}{4a-1}$$

$$\therefore \quad \frac{a}{2} < S(x) \leqq \frac{4a^2}{4a-1}$$

◀ $a > 1$ から

$$\frac{4a-1}{4a} > 0$$

が成り立つので，逆数にすると大小が入れかわります．

等比級数は，公比 r の値の範囲に注目！

17 図形と等比級数

アプローチ

正方形の面積の数列 $\{s_n\}$ が，**どのような規則で並んでいるのかを知りたい**ので，s_n と s_{n+1} の間に成り立つ関係式，つまり漸化式を作ります．

しかし，面積を直接調べることはできないので，正方形 S_n の 1 辺の長さを x_n とおいて，**x_n と x_{n+1} の関係式**を作りましょう！

◀数列の規則性を表すのは，一般項ではなく漸化式です．

解答

正方形 S_k の 1 辺の長さを x_k とする．

(1) 右図のように点 P_1，Q_1 をとると，図形が左右対称であることに注目して

$$BQ_1 = \frac{1-x_1}{2}$$

と表せる．

$\angle P_1 B Q_1 = 60°$ から，$BQ_1 : P_1Q_1 = 1 : \sqrt{3}$ が成り立つので

$$\frac{1-x_1}{2} : x_1 = 1 : \sqrt{3}$$

$$\iff \frac{1-x_1}{2} \cdot \sqrt{3} = x_1$$

$$\iff (2+\sqrt{3})x_1 = \sqrt{3}$$

$$\iff x_1 = \frac{\sqrt{3}}{2+\sqrt{3}} \qquad \therefore \quad x_1 = 2\sqrt{3}-3$$

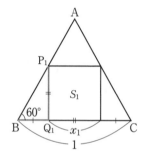

(2) 右図のように点 P_n，P_{n+1}，Q_{n+1} をとると，(1)と同様に

$$P_n Q_{n+1} = \frac{x_n - x_{n+1}}{2}$$

と表せて，$P_n Q_{n+1} : P_{n+1} Q_{n+1} = 1 : \sqrt{3}$ が成り立つので

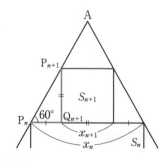

$$\frac{x_n - x_{n+1}}{2} : x_{n+1} = 1 : \sqrt{3}$$

$$\Longleftrightarrow \frac{x_n - x_{n+1}}{2} \cdot \sqrt{3} = x_{n+1}$$

$$\Longleftrightarrow x_{n+1} = \frac{\sqrt{3}}{2 + \sqrt{3}} x_n$$

$$\therefore \quad x_{n+1} = (2\sqrt{3} - 3) x_n$$

◀これで，数列 $\{x_n\}$ が等比数列であることがわかりました．

正方形 S_n の面積 s_n は，$s_n = x_n{}^2$ とできるから

$$s_{n+1} = x_{n+1}{}^2$$
$$= (2\sqrt{3} - 3)^2 x_n{}^2$$
$$= (21 - 12\sqrt{3}) s_n$$

よって，数列 $\{s_n\}$ は公比 $21 - 12\sqrt{3}$ の等比数列なので

$$s_n = s_1 (21 - 12\sqrt{3})^{n-1} = (\mathbf{21 - 12\sqrt{3}})^n$$

◀$s_1 = x_1{}^2 = 21 - 12\sqrt{3}$

(3)　$0 < 21 - 12\sqrt{3} < 1$ なので

$$s = \lim_{n \to \infty} \sum_{k=1}^{n} s_k$$
$$= \lim_{n \to \infty} \frac{(21 - 12\sqrt{3})\{1 - (21 - 12\sqrt{3})^n\}}{1 - (21 - 12\sqrt{3})}$$
$$= \frac{21 - 12\sqrt{3}}{12\sqrt{3} - 20}$$
$$= \frac{3(7 - 4\sqrt{3})}{4(3\sqrt{3} - 5)} \cdot \frac{3\sqrt{3} + 5}{3\sqrt{3} + 5}$$
$$= \frac{\mathbf{3(\sqrt{3} - 1)}}{\mathbf{8}}$$

◀$2\sqrt{3} - 3 = \sqrt{12} - 3$
　　　　　$= 3.\cdots - 3$
　　　　　$= 0.\cdots$
なので，これを 2 乗して
　$21 - 12\sqrt{3} = 0.\cdots$
です．

━━■メインポイント■━━

辺の長さや面積についての漸化式を作る！

18 解けない漸化式の極限

この漸化式を解く（一般項を求める）ことはできません．でも，この数列 $\{a_n\}$ の極限は求められるのです．

(1)は，数学的帰納法が使いやすいです．

(2)も数学的帰納法で示せますが，漸化式をうまく使うことで，式変形だけで示せます．

そして，(2)の結果は不等式ですが「等比数列型漸化式」に似ています．つまり

$$a_{n+1}-\alpha=r(a_n-\alpha)$$
$$\Longrightarrow a_n-\alpha=r^{n-1}(a_1-\alpha)$$

と同様に

$$\left|a_{n+1}-\alpha\right|\leqq r\left|a_n-\alpha\right|$$
$$\Longrightarrow \left|a_n-\alpha\right|\leqq r^{n-1}\left|a_1-\alpha\right|$$

とできます．

ここで，$-1<r<1$ になっていれば

$$\lim_{n\to\infty}r^{n-1}\left|a_1-\alpha\right|=0$$

に収束して，$0\leqq\left|a_n-\alpha\right|$ が成り立つこととあわせて，**はさみうちの原理**により

$$\lim_{n\to\infty}\left|a_n-\alpha\right|=0$$

となります．これは a_n と α の距離が 0 に近づくことを表しているので

$$\lim_{n\to\infty}a_n=\alpha$$

と結論できます．

関係式
$$\left|a_{n+1}-\alpha\right|\leqq r\left|a_n-\alpha\right|$$
をくり返し適用することで
$$\left|a_n-\alpha\right|\leqq r\left|a_{n-1}-\alpha\right|$$
$$\leqq r^2\left|a_{n-2}-\alpha\right|$$
$$\leqq r^3\left|a_{n-3}-\alpha\right|$$
……（中略）……
$$\leqq r^{n-2}\left|a_2-\alpha\right|$$
$$\leqq r^{n-1}\left|a_1-\alpha\right|$$

とできるということです．なお，本問は(1)の結果から $a_n<2$ なので
$$\left|a_n-2\right|=2-a_n$$
と，絶対値を外した式を誘導してあります．

はさみうちの原理

十分に大きなすべての n に対して $a_n\leqq b_n\leqq c_n$ かつ $\lim_{n\to\infty}a_n=\lim_{n\to\infty}c_n=\alpha$ が成り立つとき

$$\lim_{n\to\infty}b_n=\alpha$$

である．

n を ∞ にトバすときを考えるので，小さい番号のうちは不等式が成立しなくても構いません．

3人が手をつないでいて，両端の2人がトイレに入ったら，中央の人もトイレに行くことになります．

解答

(1) 自然数 k に対して $1 \leq a_k < 2$ が成り立つならば, 辺々に 2 を足して

$$3 \leq a_k + 2 < 4$$

$$\therefore \quad \sqrt{3} \leq \sqrt{a_k + 2} < 2$$

$$\therefore \quad 1 < \sqrt{3} \leq a_{k+1} < 2$$

$1 \leq a_1 < 2$ が成り立つこととあわせて, 数学的帰納法により題意は示された.

（右余白）第3章

(2) 漸化式から

$$2 - a_{n+1} = 2 - \sqrt{a_n + 2}$$

$$= \frac{2^2 - (a_n + 2)}{2 + \sqrt{a_n + 2}}$$

◀分子の有理化.

$$= \frac{1}{2 + \sqrt{a_n + 2}}(2 - a_n)$$

とでき, (1)から $1 \leq a_n$ なので

$$\frac{1}{2 + \sqrt{a_n + 2}} \leq \frac{1}{2 + \sqrt{3}}$$

◀分母を小さくすると, 式全体は大きくなりますね.

ここで, (1)から $a_n < 2$ なので, $0 < 2 - a_n$ である.

$$\therefore \quad \frac{1}{2 + \sqrt{a_n + 2}}(2 - a_n) \leq \frac{1}{2 + \sqrt{3}}(2 - a_n)$$

$$\therefore \quad 2 - a_{n+1} \leq \frac{1}{2 + \sqrt{3}}(2 - a_n)$$

(3) 以上から

$$0 < 2 - a_n \leq \left(\frac{1}{2 + \sqrt{3}}\right)^{n-1}(2 - a_1)$$

$$\therefore \quad 0 < 2 - a_n \leq \left(\frac{1}{2 + \sqrt{3}}\right)^{n-1} \quad (\because \quad a_1 = 1)$$

ここで, $\displaystyle\lim_{n \to \infty}\left(\frac{1}{2 + \sqrt{3}}\right)^{n-1} = 0$ だから, はさみうちの原理により

$$\lim_{n \to \infty}(2 - a_n) = 0$$

$$\therefore \quad \lim_{n \to \infty} a_n = \mathbf{2}$$

参考 $f(x)=\sqrt{x+2}$ とすると

$$f(a_1)=\sqrt{a_1+2}=a_2$$
$$f(a_2)=\sqrt{a_2+2}=a_3$$
$$f(a_3)=\sqrt{a_3+2}=a_4$$
$$\cdots\cdots\cdots\cdots$$

なので，下図のように $y=f(x)$ のグラフと直線 $y=x$ の間をギザギザに進んでいくイメージになり，数列 $\{a_n\}$ の極限がグラフの交点であることを直感的に理解できます.

方程式 $x=\sqrt{x+2}$ を解くと解 $x=2$ を得られるので，本問(3)の答えが 2 であることは最初からわかっているのです.

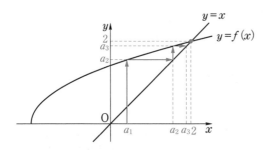

◀見やすくするために a_1 の位置をずらしてあります.

さて，この図の点 $(2,\ 2)$ の近くを拡大してみると，右図のようになります.

2 点 $(a_n,\ a_{n+1})$，$(2,\ 2)$ を結ぶ線分の傾きは $\dfrac{2-a_{n+1}}{2-a_n}$ であり，点 $(a_n,\ a_{n+1})$ における接線の傾き $f'(a_n)$ と比べると，$y=f(x)$ が上に凸であることから

$$\frac{2-a_{n+1}}{2-a_n}\leqq f'(a_n)$$

が成り立ちます.

さらに，$f(x)=\sqrt{x+2}$ から $f'(x)=\dfrac{1}{2\sqrt{x+2}}$ であり，$f'(x)$ は単調減少なので

$$\frac{2-a_{n+1}}{2-a_n}\leqq f'(a_n)\leqq f'(1)=\frac{1}{2\sqrt{3}} \quad (\because\quad 1\leqq a_n)$$

$$\therefore\quad 2-a_{n+1}\leqq\frac{1}{2\sqrt{3}}(2-a_n)$$

これは(2)で示した不等式よりも評価の甘い結果になってますが

$$0<\frac{1}{2\sqrt{3}}<1 \qquad \therefore \quad \lim_{n\to\infty}\left(\frac{1}{2\sqrt{3}}\right)^{n-1}=0$$

なので，問題なく $\lim\limits_{n\to\infty}a_n=2$ を示すことができます．

以上の流れを，より一般的に表現し，かつ本問の誘導を無視するならば，**平均値の定理**を用いた次のような解答も考えられます．この方法なら，別の漸化式でも対応できます．

別解 （(1)は **解答** と同様）

$f(x)=\sqrt{x+2}$ とすると

$$f'(x)=\frac{1}{2\sqrt{x+2}}$$

であり，平均値の定理により

$$\frac{f(2)-f(a_n)}{2-a_n}=f'(t) \quad (a_n<t<2)$$

となる t が存在する．

$f'(x)$ が単調減少であることと，$1\leqq a_n$ から

$$\frac{2-a_{n+1}}{2-a_n}=f'(t)\leqq f'(a_n)\leqq f'(1)=\frac{1}{2\sqrt{3}}$$

$$\therefore \quad 2-a_{n+1}\leqq \frac{1}{2\sqrt{3}}(2-a_n)$$

以上から

$$0<2-a_n\leqq \left(\frac{1}{2\sqrt{3}}\right)^{n-1}(2-a_1)$$

$$\therefore \quad 0<2-a_n\leqq \left(\frac{1}{2\sqrt{3}}\right)^{n-1}$$

ここで，$\lim\limits_{n\to\infty}\left(\frac{1}{2\sqrt{3}}\right)^{n-1}=0$ だから，はさみうちの

原理により

$$\lim_{n\to\infty}(2-a_n)=0$$

$$\therefore \quad \lim_{n\to\infty}a_n=2$$

◀ 関数 $f(x)$ が $\alpha\leqq x\leqq\beta$ で
連続，$\alpha<x<\beta$ において
微分可能なとき
$$\frac{f(\beta)-f(\alpha)}{\beta-\alpha}=f'(t)$$
かつ $\alpha<t<\beta$
となる t が少なくとも1つ
存在する．
これを**平均値の定理**といい
ます．

■ **メインポイント** ■

解けない漸化式は，不等式を作って，はさみうち！

　関数の極限計算は，x を∞にトバすときは数列の極限と基本的に変わりませんが，x を $-\infty$ にトバしたり，定数に近づけるときもあります．

　とくに，定数に近づけたときに分母が 0 に近づく問題が多いのですが，このタイプの基本方針は**約分**です．つまり，**0 に近づくカタマリを約分して消してしまう**ことを狙います．（もちろん，本問のように分母も分子も x の多項式で表されるような場合に限りますが．)

◀$-\infty$にトバすときの注意点は **参考** 参照．

例えば $\displaystyle\lim_{\theta\to 0}\dfrac{\sin\theta}{\theta}$ は別の話．

解答

[A]　$\displaystyle\lim_{x\to 0}\left\{\log_2(6x^2)-\log_2(\sqrt{3x^2+1}-1)\right\}$

　$\displaystyle=\lim_{x\to 0}\log_2\dfrac{6x^2}{\sqrt{3x^2+1}-1}$

　$\displaystyle=\lim_{x\to 0}\log_2\dfrac{6x^2(\sqrt{3x^2+1}+1)}{(3x^2+1)-1}$

　$\displaystyle=\lim_{x\to 0}\log_2\left\{2(\sqrt{3x^2+1}+1)\right\}$

　$=\log_2 4=\mathbf{2}$

◀$\infty-\infty$ の形の不定形です．

◀$\dfrac{0}{0}$ の形の不定形です．

◀分母の有理化．

◀分母の 0 に近づくカタマリを約分できました．

[B]　分子を有理化すると

　$\displaystyle\lim_{x\to 1}\dfrac{\sqrt{2x^2+a}-x-1}{(x-1)^2}$

　$\displaystyle=\lim_{x\to 1}\dfrac{(2x^2+a)-(x+1)^2}{(x-1)^2(\sqrt{2x^2+a}+x+1)}$

　$\displaystyle=\lim_{x\to 1}\dfrac{x^2-2x+a-1}{(x-1)^2(\sqrt{2x^2+a}+x+1)}$

　これが収束するためには，（分母）$\longrightarrow 0$ であることから（分子）$\longrightarrow 0$ が必要で，分子が 2 次式であることをふまえると，分母の $(x-1)^2$ が約分されることが必要である．つまり

　$x^2-2x+a-1=(x-1)^2$

となることが必要で，これより

　$x^2-2x+a-1=x^2-2x+1$

◀分母が 0 に近づくので，この分母を約分したい．

$$\therefore \quad a = 2$$

このとき

$$b = \lim_{x \to 1} \frac{1}{\sqrt{2x^2+2} + x + 1} = \frac{1}{4}$$

$$\therefore \quad a = 2, \ b = \frac{1}{4}$$

参考

x を $-\infty$ にトバすときは間違えやすいので注意が必要です．例えば次の計算は間違っているのですが，どこが間違っているのか気づきますか？

$$\lim_{x \to -\infty} \frac{\sqrt{x^2+2}+1}{x} = \lim_{x \to -\infty} \left(\sqrt{1+\frac{2}{x^2}} + \frac{1}{x} \right) = \sqrt{1} + 0 = 1$$

今，x を $-\infty$ にトバすことを考えているのだから，**ここでの x は負の数**と考えるわけです．例えば

$$-2\sqrt{3} = \sqrt{(-2)^2 \cdot 3} = \sqrt{12}$$

としたらダメですよね？

$$-2\sqrt{3} = -\sqrt{2^2 \cdot 3} = -\sqrt{12}$$

が正しい計算です．

つまり，**負の数 x を $\sqrt{}$ の中に入れるのだから，外に「$-$」が残るのです！**
だから

$$\lim_{x \to -\infty} \frac{\sqrt{x^2+2}+1}{x} = \lim_{x \to -\infty} \left(-\sqrt{1+\frac{2}{x^2}} + \frac{1}{x} \right) = -\sqrt{1} + 0 = -1$$

とするのが正しい計算です．

これはわかっていても間違えやすいので，$x = -t$ と置き換えて次のように計算するのが安全です．

$$\lim_{x \to -\infty} \frac{\sqrt{x^2+2}+1}{x} = \lim_{t \to \infty} \frac{\sqrt{t^2+2}+1}{-t} = \lim_{t \to \infty} \left(-\sqrt{1+\frac{2}{t^2}} - \frac{1}{t} \right)$$
$$= -\sqrt{1} - 0 = -1$$

■ メインポイント ■

0になるカタマリを約分！

20 三角関数の極限

　三角関数を含む式で，θ を0に近づけるときは次の
公式を使えるように式変形します．

$$\lim_{\theta \to 0} \frac{\sin\theta}{\theta} = 1$$

　中心角 θ，半径1の扇形を考えると下図のようにな
ります．これがこの公式のイメージ！

厳密な証明は次の通り．

（証明）

　$\theta > 0$ のとき，右図で面積に注目して
$$\triangle OAB < (\text{扇形 } OAB) < \triangle OAC$$
が成り立つから

$$\frac{1}{2} \cdot 1 \cdot 1 \cdot \sin\theta < \frac{1}{2} \cdot 1^2 \cdot \theta < \frac{1}{2} \cdot 1 \cdot \tan\theta$$

$$\therefore \quad \cos\theta < \frac{\sin\theta}{\theta} < 1$$

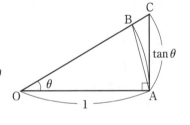

$\lim\limits_{\theta \to +0} \cos\theta = 1$ なので，はさみうちの原理により

$$\lim_{\theta \to +0} \frac{\sin\theta}{\theta} = 1 \quad \cdots\cdots (*)$$

次に，$\theta < 0$ のとき $\theta = -t$ とおけば

$$\lim_{\theta \to -0} \frac{\sin\theta}{\theta} = \lim_{t \to +0} \frac{\sin(-t)}{-t}$$

$$= \lim_{t \to +0} \frac{\sin t}{t}$$

$$= 1 \quad (\because \quad (*))$$

◀一般的に
$$\sin(-x) = -\sin x$$
です．

以上から，$\lim\limits_{\theta \to 0} \dfrac{\sin\theta}{\theta} = 1$ が成り立つ．

（証明終了）

[A] $\displaystyle \lim_{x \to 0} \frac{(5x^2+12x)\sin\left(\sin\dfrac{2}{3}x\right)}{x^2}$

$= \displaystyle \lim_{x \to 0} \left\{ \frac{5x^2+12x}{\dfrac{3}{2}x} \cdot \frac{\sin\left(\sin\dfrac{2}{3}x\right)}{\sin\dfrac{2}{3}x} \cdot \frac{\sin\dfrac{2}{3}x}{\dfrac{2}{3}x} \right\}$

$= \displaystyle \lim_{x \to 0} \left\{ \left(\frac{10}{3}x+8\right) \cdot \frac{\sin\left(\sin\dfrac{2}{3}x\right)}{\sin\dfrac{2}{3}x} \cdot \frac{\sin\dfrac{2}{3}x}{\dfrac{2}{3}x} \right\}$

$= 8 \cdot 1 \cdot 1$

$= 8$

◀ 分子に $\sin\theta$ の形を見つけたら，分母に θ をくっつけておきます。
あとは式全体のツジツマが合うように微調整。

[B] $\theta = x - \dfrac{\pi}{2}$ とおくと

$\displaystyle \lim_{x \to \frac{\pi}{2}} \frac{\sin(2\cos x)}{x-\dfrac{\pi}{2}}$

$= \displaystyle \lim_{\theta \to 0} \frac{\sin\left(2\cos\left(\theta+\dfrac{\pi}{2}\right)\right)}{\theta}$

$= \displaystyle \lim_{\theta \to 0} \frac{\sin(-2\sin\theta)}{\theta}$

$= \displaystyle \lim_{\theta \to 0} \left\{ -2 \cdot \frac{\sin(-2\sin\theta)}{-2\sin\theta} \cdot \frac{\sin\theta}{\theta} \right\}$

$= -2 \cdot 1 \cdot 1$

$= -2$

一般的に
$$\cos\left(x+\frac{\pi}{2}\right)=-\sin x$$
◀ です。

◀ [A]と同様にツジツマを合わせます。

■ メインポイント ■

三角関数の極限は $\displaystyle \lim_{\theta \to 0} \frac{\sin\theta}{\theta}=1$ を利用できるように式変形！

21 図形と極限

アプローチ

　余弦定理や面積公式を用いてから，極限を考える問題です．図形の処理ができたら，あとはやっぱり

$$\lim_{\theta \to 0} \frac{\sin\theta}{\theta} = 1$$

に持ち込みます．

　また，この公式の派生公式として

$$\lim_{\theta \to 0} \frac{1-\cos\theta}{\theta^2} = \frac{1}{2}$$

もよく使われますので覚えておきましょう．（スムーズに作れるようにしておきましょう．）

【証明】

$$\begin{aligned}
\lim_{\theta \to 0} \frac{1-\cos\theta}{\theta^2} &= \lim_{\theta \to 0} \frac{1-\cos^2\theta}{\theta^2(1+\cos\theta)} \\
&= \lim_{\theta \to 0} \left\{ \left(\frac{\sin\theta}{\theta}\right)^2 \cdot \frac{1}{1+\cos\theta} \right\} \\
&= 1^2 \cdot \frac{1}{1+1} \\
&= \frac{1}{2}
\end{aligned}$$

◀分母と分子に $1+\cos\theta$ をかけることで
$1-\cos^2\theta = \sin^2\theta$
とします．

（証明終了）

【解答】

(1)　$AD:DB = (1-\theta):\theta$ だから

$$\begin{aligned}
S &= \frac{\theta}{(1-\theta)+\theta} \triangle ABC = \theta \cdot \frac{1}{2}\left(\frac{1}{\theta}\right)^2 \sin\theta \\
&= \frac{\sin\theta}{2\theta} \\
\therefore \lim_{\theta \to +0} S &= \lim_{\theta \to +0} \left(\frac{1}{2} \cdot \frac{\sin\theta}{\theta}\right) \\
&= \frac{1}{2} \cdot 1 \\
&= \frac{1}{2}
\end{aligned}$$

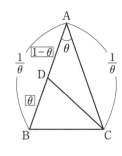

(2) A から辺 BC に垂線 AH を下ろすと，H は BC の中点だから

$$BC = 2BH = 2AB\sin\frac{\theta}{2} = \frac{2}{\theta}\sin\frac{\theta}{2}$$

$$\therefore \quad \lim_{\theta \to +0} BC = \lim_{\theta \to +0} \frac{\sin\dfrac{\theta}{2}}{\dfrac{\theta}{2}} = 1$$

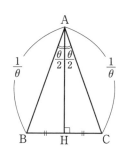

(3) △ACD における余弦定理から

$$CD^2 = \left(\frac{1}{\theta}\right)^2 + \left(\frac{1-\theta}{\theta}\right)^2 - 2\cdot\frac{1}{\theta}\cdot\frac{1-\theta}{\theta}\cos\theta$$

$$= \frac{2 - 2\theta + \theta^2 - 2(1-\theta)\cos\theta}{\theta^2}$$

$$= \frac{\theta^2 + 2(1-\theta) - 2(1-\theta)\cos\theta}{\theta^2}$$

$$= 1 + 2(1-\theta)\cdot\frac{1-\cos\theta}{\theta^2}$$

$$\therefore \quad \lim_{\theta \to +0} CD = \lim_{\theta \to +0}\sqrt{1 + 2(1-\theta)\cdot\frac{1-\cos\theta}{\theta^2}}$$

$$= \sqrt{1 + 2\cdot 1\cdot\frac{1}{2}}$$

$$= \sqrt{2}$$

◀線分 AD の長さは

$$\frac{1-\theta}{(1-\theta)+\theta}AB = \frac{1-\theta}{\theta}$$

です．

◀$\dfrac{1-\cos\theta}{\theta^2}$ の形をイメージしておかないと，ここまでの式変形ができないでしょう．

■ メインポイント ■

面積や辺の長さを θ で表してから

$$\lim_{\theta \to 0}\frac{\sin\theta}{\theta} = 1, \quad \lim_{\theta \to 0}\frac{1-\cos\theta}{\theta^2} = \frac{1}{2}$$

を利用できるように式変形！

22 自然対数の底 e（ネイピア数）

アプローチ

指数関数 $f(x)=a^x$ $(a>0, a\neq1)$ を定義にしたがって微分すると

$$f(x)=\lim_{h\to0}\frac{a^{x+h}-a^x}{h}=a^x\lim_{h\to0}\frac{a^h-1}{h}$$

となります。

ここで，$\lim_{h\to0}\dfrac{a^h-1}{h}=1$ となる定数 a があれば

$$f'(x)=a^x\cdot1=f(x)$$

という計算しやすい形が出てきて嬉しいので，このときの定数 a を e と書くことにします。これを**自然対数の底**または**ネイピア数**といいます。

つまり

$$\lim_{h\to0}\frac{e^h-1}{h}=1 \quad\cdots\cdots①$$

となる定数 e に対して

$$(e^x)'=e^x \quad\cdots\cdots②$$

が成り立ちます。

このとき，①は「$h=0$ 付近で，$e^h-1\fallingdotseq h$」ということを意味するので（厳密さは欠ける計算ですが）

$$e^h\fallingdotseq1+h \quad\therefore\quad e\fallingdotseq(1+h)^{\frac{1}{h}}$$

すなわち

$$e=\lim_{h\to0}(1+h)^{\frac{1}{h}} \quad\cdots\cdots③$$

であるし，また，$h=\dfrac{1}{n}$ とおけば③は

$$e=\lim_{n\to\pm\infty}\left(1+\frac{1}{n}\right)^n \quad\cdots\cdots④$$

とできます。

①②③④はすべて，e の**基本公式**として使えるようにしておきましょう！

◀ **第4章** でも詳しく扱います。

このが a 存在すること，つまり下記④が収束することの証明は，高校数学の範囲外になります。

◀ 微分しても変わらない！

この形なら，具体的に n に大きな数値を代入していくことで，e の値を調べることができます。それによって，この e は
$$e=2.71828\cdots\cdots$$
という無理数であることが知られています。

54

[A]　$\displaystyle\lim_{n\to\infty}\left(\dfrac{n+1}{n+2}\right)^{3n-3}=\lim_{n\to\infty}\dfrac{1}{\left(\dfrac{n+2}{n+1}\right)^{3n-3}}$

$\qquad\qquad =\displaystyle\lim_{n\to\infty}\dfrac{1}{\left\{\left(1+\dfrac{1}{n+1}\right)^{n+1}\right\}^3\left(1+\dfrac{1}{n+1}\right)^{-6}}$　　◀ $\left(1+\dfrac{1}{\blacksquare}\right)^{\blacksquare}$ の形を目指して式変形.

$\qquad\qquad =\dfrac{1}{e^3\cdot 1^{-6}}$

$\qquad\qquad =\dfrac{\mathbf{1}}{\boldsymbol{e^3}}$

[B]　$\displaystyle\lim_{h\to 0}\dfrac{e^{2h+2}-e^2}{h}=\lim_{h\to 0}\left(e^2\cdot\dfrac{e^{2h}-1}{2h}\cdot 2\right)$　　◀ アプローチ の①が使える！

$\qquad\qquad\qquad\qquad =e^2\cdot 1\cdot 2$

$\qquad\qquad\qquad\qquad =2e^2$

[C]　$f_n(x)=nx^{2n+1}(1-x)$ から

$\qquad f_n{}'(x)=n(2n+1)x^{2n}(1-x)+nx^{2n+1}\cdot(-1)$

$\qquad\qquad =nx^{2n}\{2n+1-(2n+2)x\}$

なので, $f_n(x)$ は $x=\dfrac{2n+1}{2n+2}$ のとき極大かつ最

大である. よって

$\qquad a_n=n\left(\dfrac{2n+1}{2n+2}\right)^{2n+1}\left(1-\dfrac{2n+1}{2n+2}\right)$

$\qquad\quad =\left\{\dfrac{2n+1}{1+(2n+1)}\right\}^{2n+1}\cdot\dfrac{n}{2n+2}$

$\qquad\quad =\dfrac{1}{\left(1+\dfrac{1}{2n+1}\right)^{2n+1}}\cdot\dfrac{1}{2+\dfrac{2}{n}}$

$\qquad\therefore\quad \displaystyle\lim_{n\to\infty}a_n=\dfrac{1}{e}\cdot\dfrac{1}{2}=\dfrac{\mathbf{1}}{\boldsymbol{2e}}$

◀ $\alpha=\dfrac{2n+1}{2n+2}$ とおくと, 増減表は下の通り.

x	$\cdots$	0	$\cdots$	α	$\cdots$
$f_n{}'(x)$	$+$	0	$+$	0	$-$
$f_n(x)$	↗		↗		↘

■ メインポイント ■

e に関する極限は4つの公式！

第4章 微分法

23 微分の定義

アプローチ

$y=f(x)$ 上の2点 A$(a,\ f(a))$, B$(b,\ f(b))$ に対して

$$(\text{直線 AB の傾き})=\frac{f(b)-f(a)}{b-a}$$

であり，点Bを点Aに限りなく近づけると，直線 AB は点Aにおける接線に近づきます．

よって

$$(\text{点Aにおける接線の傾き})=\lim_{b\to a}\frac{f(b)-f(a)}{b-a}$$

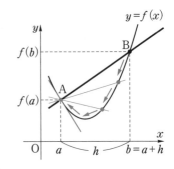

となります．

この「点Aにおける接線の傾き」のことを**微分係数**といい，$f'(a)$ で表します．

また，$b=a+h$ とおく（AB 間の x の変化量を h とおく）と，$b\longrightarrow a$ ということは $h\longrightarrow 0$ と同じで，$f'(a)$ は

$$f'(a)=\lim_{b\to a}\frac{f(b)-f(a)}{b-a}=\lim_{h\to 0}\frac{f(a+h)-f(a)}{h}$$

と表せます．

さらに，一般の x に対して同様に考えた

$$f'(x)=\lim_{h\to 0}\frac{f(x+h)-f(x)}{h}$$

を**導関数**といい，関数 $f(x)$ から導関数 $f'(x)$ を求めることを**微分する**といいます．

解答

導関数の定義により

$$f'(x)=\lim_{h\to 0}\frac{\cos(x+h)-\cos x}{h}$$

$$=\lim_{h\to 0}\dfrac{-2\sin\left(x+\dfrac{h}{2}\right)\sin\dfrac{h}{2}}{h}$$

◁ $\cos A-\cos B$
　　$=-2\sin\dfrac{A+B}{2}\sin\dfrac{A-B}{2}$◁

$$=\lim_{h\to 0}\left\{-\sin\left(x+\dfrac{h}{2}\right)\cdot\dfrac{\sin\dfrac{h}{2}}{\dfrac{h}{2}}\right\}$$

◁ $\displaystyle\lim_{\theta\to 0}\dfrac{\sin\theta}{\theta}=1$◁

$$=-\sin(x+0)\cdot 1=-\sin x$$

補足　最初の式変形に，いわゆる和積公式の１つ

$$\cos A-\cos B=-2\sin\dfrac{A+B}{2}\sin\dfrac{A-B}{2}\quad\cdots\cdots(*)$$

を利用しましたが，これは次のように作れます．加法定理の２式

$$\begin{cases}\cos(\alpha+\beta)=\cos\alpha\cos\beta-\sin\alpha\sin\beta\\\cos(\alpha-\beta)=\cos\alpha\cos\beta+\sin\alpha\sin\beta\end{cases}$$

の辺々を引いて

$$\cos(\alpha+\beta)-\cos(\alpha-\beta)=-2\sin\alpha\sin\beta$$

ここで，$A=\alpha+\beta$，$B=\alpha-\beta$ とおくと

$$\dfrac{A+B}{2}=\alpha,\ \dfrac{A-B}{2}=\beta$$

なので，$(*)$ が成り立ちます．

$$\sin A+\sin B=2\sin\dfrac{A+B}{2}\cos\dfrac{A-B}{2}$$

$$\cos A+\cos B=2\cos\dfrac{A+B}{2}\cos\dfrac{A-B}{2}$$

も同様に作れるようにしておきましょう．

また，本問と同様に，微分の定義から

$$(x^n)'=nx^{n-1}$$
$$(\sin x)'=\cos x$$
$$(\log x)'=\dfrac{1}{x}\quad(\text{底は}\ e)$$

となることも確認してみてください．

━┥ メインポイント ┝━

微分の定義は，「接線の傾き」を極限を利用して表現したもの！

　関数 $f(x)$ を微分して作った導関数 $f'(x)$ に，$x=t$ を代入することで，$y=f(x)$ の点 $(t,\ f(t))$ における接線の傾き $f'(t)$ を求めることができます．

　このとき，接線は

傾きが $f'(t)$ で，点 $(t,\ f(t))$ を通る直線

と考えられるから，その方程式は

$$y=f'(t)(x-t)+f(t)$$

で求められます．

　また，法線は接線と垂直だから

傾きが $-\dfrac{1}{f'(t)}$ で，点 $(t,\ f(t))$ を通る直線

と考えられ，その方程式は

$$y=-\frac{1}{f'(t)}(x-t)+f(t)$$

で求められます．

　したがって，**接点の座標がわかっているときは，そのまま代入すればいいし，わかっていないときは接点の x 座標を t とおく**のがセオリーです．

◀傾き m と通過点 $(a,\ b)$ がわかっていれば，直線の式は
$$y=m(x-a)+b$$
で求められます．

◀ただし，$f'(t)\neq0$

解答

[A]　$y=xe^x+1$ を微分すると $y'=(x+1)e^x$ となるので，点 $(1,\ e+1)$ における接線の方程式は
$$y=2e(x-1)+e+1$$
$$\therefore\quad y=2ex-e+1$$
また，法線の方程式は
$$y=-\frac{1}{2e}(x-1)+e+1$$
$$\therefore\quad y=-\frac{1}{2e}x+\frac{1}{2e}+e+1$$

◀積の微分
$$\{f(x)g(x)\}'$$
$$=f'(x)g(x)+f(x)g'(x)$$

［B］ $y=e^x-e^{-x}$ を微分すると $y'=e^x+e^{-x}$ とな

◀合成関数の微分
$\{F(g(x))\}'=f(g(x))g'(x)$

るので，接点の x 座標を t とおいて

$$e^t+e^{-t}=4 \iff e^t+\frac{1}{e^t}=4$$
$$\iff (e^t)^2-4e^t+1=0$$
$$\iff e^t=2\pm\sqrt{3}$$
$$\therefore \quad t=\log(2\pm\sqrt{3})$$

このとき，接点の y 座標は

$$e^t-e^{-t}=2\pm\sqrt{3}-\frac{1}{2\pm\sqrt{3}}$$
$$=2\pm\sqrt{3}-(2\mp\sqrt{3})$$
$$=\pm2\sqrt{3} \quad （複号同順）$$

なので，求める直線の方程式は

$$y=4\{x-\log(2\pm\sqrt{3})\}\pm2\sqrt{3}$$
$$\therefore \quad \boldsymbol{y=4x-4\log(2\pm\sqrt{3})\pm2\sqrt{3}} \quad （複号同順）$$

補足 微分計算では

① **積の微分**：$\{f(x)g(x)\}'=f'(x)g(x)+f(x)g'(x)$

② **商の微分**：$\left\{\dfrac{f(x)}{g(x)}\right\}'=\dfrac{f'(x)g(x)-f(x)g'(x)}{\{g(x)\}^2}$

③ **合成関数の微分**：$F'(x)=f(x)$ のとき，$\{F(g(x))\}'=f(g(x))g'(x)$

を，きちんと使いこなせるように練習しましょう.

第4章

▪┃**メインポイント**┃▪

微分して，接点を代入すれば，接線の傾きが求まる！

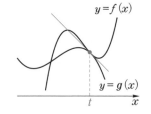

2つの曲線 $y=f(x)$, $y=g(x)$ が $x=t$ の点において接する条件は

$$\begin{cases} f(t)=g(t) & \cdots\cdots① \\ f'(t)=g'(t) & \cdots\cdots② \end{cases}$$

です.

①で2曲線が交わることを保証していて, ②で接線の傾きが等しいことを表しています.

解答

(1) $y=-\dfrac{3}{2}\cos 2x$ を微分すると $y'=3\sin 2x$

$y=a\cos x-a-\dfrac{3}{4}$ を微分すると $y'=-a\sin x$

よって, C_1, C_2 の共有点の x 座標を t とおくと

$$-\frac{3}{2}\cos 2t=a\cos t-a-\frac{3}{4}$$

◀ 右辺に $\cos t$ があるので, 左辺の $\cos 2t$ も
$$\cos 2t=2\cos^2 t-1$$
で書き換えます.

が成り立つ. したがって

$$-\frac{3}{2}(2\cos^2 t-1)=a\cos t-a-\frac{3}{4}$$

$$\therefore\quad 3\cos^2 t+a\cos t-a-\frac{9}{4}=0 \quad\cdots\cdots①$$

また, 接線の傾きが等しいことから

$$3\sin 2t=-a\sin t$$

が成り立ち

$$6\sin t\cos t=-a\sin t$$
$$\therefore\quad \sin t(6\cos t+a)=0$$

ここで, $\sin t=0$ とすると $y'=0$ となり, 接線の傾きが0でないことに反するので $\sin t\neq 0$ である. よって, $\cos t=-\dfrac{a}{6}$ である. これを①に代入

して

$$3\left(-\frac{a}{6}\right)^2 + a\left(-\frac{a}{6}\right) - a - \frac{9}{4} = 0$$

$$\Longleftrightarrow a^2 + 12a + 27 = 0$$

$$\Longleftrightarrow (a+9)(a+3) = 0$$

$$\therefore \quad a = -9, \ -3$$

$a=-9$ のとき，$\cos t = \frac{3}{2} > 1$ となり不適.

$a=-3$ のとき，$\cos t = \frac{1}{2}$ $(0 < t < 2\pi)$ より

$$t = \frac{\pi}{3}, \ \frac{5}{3}\pi$$

である.

◀ 適する t が $0 < t < 2\pi$ の範囲に存在することが確認できました.

以上から，求める a の値は **$a = -3$** である.

(2) (1)から $C_2 : y = -3\cos x + \frac{9}{4}$ なので，C_1, C_2 の概形は下の通り.

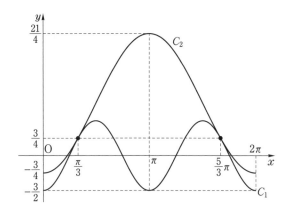

━ **メインポイント** ━

2曲線が接するのは，交わり，かつ接線の傾きが等しいとき！

グラフの描き方

一般に，微分可能な関数 $f(x)$ のグラフを描くとき
は，まず，$f'(x)$ の符号に注目．

$$f'(x)>0 \iff f(x) \text{ は増加}$$
$$f'(x)<0 \iff f(x) \text{ は減少}$$

このとき，$f'(x)$ の式の「正であることが確定して
いる部分」は無視して考えることが大切です．

本問においては，$f'(x)$ の分母が正であることが確
定しているので，分子の符号を調べます．

◀ $\sqrt{1-x^2}$ はつねに 0 以上で
す．

しかし，分子 $\sqrt{1-x^2}-2x^2+1$ のグラフを描くのは
簡単ではありません．そこで，この分子を

$$\sqrt{1-x^2}-(2x^2-1)$$

という**差の形**にして，$y=\sqrt{1-x^2}$ と $y=2x^2-1$ の
グラフの上下を調べます．

また，ときには

◀ $y=\sqrt{1-x^2}$ は
$y^2=1-x^2 \ (y \geqq 0)$
$\therefore \quad x^2+y^2=1 \ (y \geqq 0)$
とできるので，半円です．

$$f(-x)=-f(x) \iff \textbf{グラフは原点対称}$$
$$f(-x)=f(x) \quad \iff \textbf{グラフは } y \textbf{ 軸対称}$$

という性質が使える場合もあるので，つねにチェック
する習慣をつけておきましょう．

◀ グラフが原点対称である関
数を**奇関数**，y 軸対称であ
る関数を**偶関数**といいます．

解答

(1) $f(x)=x+x\sqrt{1-x^2}$ の定義域は
$$1-x^2 \geqq 0 \quad \therefore \quad -1 \leqq x \leqq 1$$
$-1<x<1$ において
$$f'(x)=1+1 \cdot \sqrt{1-x^2}+x \cdot \frac{-2x}{2\sqrt{1-x^2}}$$
$$=\frac{\sqrt{1-x^2}-2x^2+1}{\sqrt{1-x^2}}$$

◀ $\sqrt{}$ の中身は 0 以上．

◀ $\sqrt{1-x^2}=(1-x^2)^{\frac{1}{2}}$ なので
$(\sqrt{1-x^2})'$
$=\frac{1}{2}(1-x^2)^{-\frac{1}{2}}(1-x^2)'$
$=\frac{-2x}{2\sqrt{1-x^2}}$

(2) $f(x)=x+x\sqrt{1-x^2}$ から
$$f(-x)=-x-x\sqrt{1-x^2}=-f(x)$$
が成り立つから，グラフは原点対称である．

よって，$x \geqq 0$ で考える．

$f'(x)$ の分母は正であり，分子は

$$\sqrt{1-x^2} - (2x^2-1)$$

とできるから，$y = \sqrt{1-x^2}$ と $y = 2x^2-1$ のグラフの上下を比べて，$f(x)$ の増減は次の通り．

x	0	$\cdots$	$\dfrac{\sqrt{3}}{2}$	$\cdots$	1
$f'(x)$		$+$	0	$-$	
$f(x)$		$\nearrow$		$\searrow$	

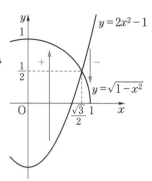

また

$$f(0)=0, \quad f\left(\frac{\sqrt{3}}{2}\right) = \frac{3\sqrt{3}}{4}, \quad f(1)=1$$

であり，$y=f(x)$ のグラフが原点対称であることに注意して，概形は下の通り．

$$\left(\begin{array}{l} 2x^2-1 = \sqrt{1-x^2} \text{ とすると} \\ 4x^4-4x^2+1 = 1-x^2 \\ 4x^4-3x^2=0 \\ x^2(4x^2-3)=0 \\ \therefore \quad x=0, \ \pm\dfrac{\sqrt{3}}{2} \\ \text{上図の交点は} \quad x=\dfrac{\sqrt{3}}{2} \end{array}\right)$$

◀ $\displaystyle \lim_{x \to 1-0} f'(x) = \frac{-1}{+0} = -\infty$
なので，グラフの右端は y 軸と平行になります．

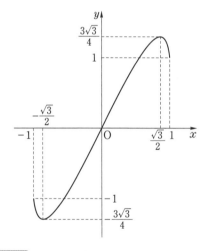

第4章

補足 より正確なグラフを描くには，$f''(x)$ の符号に注目します．

$$f''(x) > 0 \iff 下に凸$$
$$f''(x) < 0 \iff 上に凸$$

メインポイント

$f'(x)$ の符号は，差の形にして，グラフの上下を調べよ！

　グラフが描けるようになれば，そのグラフ（または増減表）を見ることで，大小比較ができます．

　グラフの**増加している部分**を見ているのか，**減少している部分**を見ているのか，しっかり把握しましょう．

◀(2)，(3)では，示すべき不等式を同値変形することで $f(x)$ との関連が見えてきます．（具体的な変形は **解答** を参照.）

解答

(1) 真数条件により，$x>0$ である．

◀これが関数 $f(x)$ の定義域になります．

$$f(x)=\frac{\log x}{x}\ \text{から}$$

$$f'(x)=\frac{\frac{1}{x}\cdot x-\log x\cdot 1}{x^2}=\frac{1-\log x}{x^2}$$

よって，増減は次の通り．

x	(0)	$\cdots$	e	$\cdots$
$f'(x)$		$+$	0	$-$
$f(x)$		$\nearrow$		$\searrow$

◀分母の x^2 は正なので，分子の 1 と $\log x$ の大小を比べます．（$y=1$ のグラフと $y=\log x$ のグラフの位置関係を調べます.）

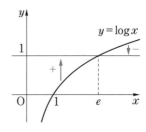

したがって，極大値 $f(e)=\dfrac{1}{e}$ をとり

$$\lim_{x\to+0}f(x)=\lim_{x\to+0}\left(\frac{1}{x}\cdot\log x\right)$$
$$=(+\infty)\cdot(-\infty)$$
$$=-\infty$$

$$\lim_{x\to\infty}f(x)=\lim_{x\to\infty}\frac{\log x}{x}=0$$

とあわせて，$y=f(x)$ のグラフの概形は下の通り．

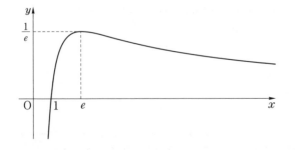

◀正確な図を描くと，x 軸にほとんどくっついてしまい見づらいので，実際のバランスよりも，y 軸方向をかなり誇張した図にしています．

(2) $e<3<\pi$ と $y=f(x)$ のグラフから

$$f(e)>f(\pi) \quad \cdots\cdots①$$

が成り立ち

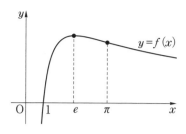

$$① \iff \frac{\log e}{e} > \frac{\log \pi}{\pi}$$

$$\iff \pi \log e > e \log \pi$$

$$\iff \log(e^{\pi}) > \log(\pi^{e})$$

$$\iff e^{\pi} > \pi^{e}$$

よって, $e^{\pi}>\pi^{e}$ が成り立つ.

(3) $\sqrt{e}<\sqrt{\pi}<\sqrt{4}<e$ と $y=f(x)$ のグラフから

$$f(\sqrt{e})<f(\sqrt{\pi}) \quad \cdots\cdots②$$

が成り立ち

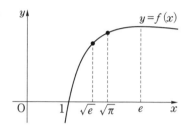

$$② \iff \frac{\log\sqrt{e}}{\sqrt{e}} < \frac{\log\sqrt{\pi}}{\sqrt{\pi}}$$

$$\iff 2\sqrt{\pi}\log\sqrt{e} < 2\sqrt{e}\log\sqrt{\pi}$$

$$\iff \log(e^{\sqrt{\pi}}) < \log(\pi^{\sqrt{e}})$$

$$\iff e^{\sqrt{\pi}} < \pi^{\sqrt{e}}$$

よって, $e^{\sqrt{\pi}}<\pi^{\sqrt{e}}$ が成り立つ.

補足 本問では $\displaystyle\lim_{x\to\infty}\frac{\log x}{x}=0$ が与えられて

いました. これは $\dfrac{\infty}{\infty}$ の形の不定形ですが, x

と $\log x$ では x の方が圧倒的に速いスピードで大きくなるので, 分母の方が先に∞に行くイメージで, 結果0となります.

次の「速さの不等式」は覚えておきましょう.

$$\log x < x^n < a^x \quad (ただし, a>1)$$

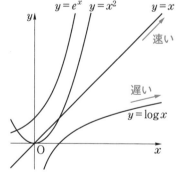

グラフを描いて, 最大・最小や増減に注目することで, 大小比較!

28 最大・最小

アプローチ

　本問において，$y=f(x)$ の概形は重要ではありません．そこは気にせず，接線 l の方程式を求め，x 軸，y 軸との交点の座標を求めれば，線分 QR の長さ d を a を用いて表すことができます．

　いつでも，**1変数で表された関数であれば，微分を使って最大・最小を求められる**というスタンスでいることが大切です．

◀2変数の場合は，その2変数が独立なのか，従属なのかが重要になります．

解答

(1)　$f(x)=2\sqrt{1-x^2}$ から

$$f'(x)=2\cdot\frac{-2x}{2\sqrt{1-x^2}}=-\frac{2x}{\sqrt{1-x^2}}$$

◀$\sqrt{1-x^2}=(1-x^2)^{\frac{1}{2}}$ なので

$(\sqrt{1-x^2})'$

$=\frac{1}{2}(1-x^2)^{-\frac{1}{2}}(1-x^2)'$

$=\frac{-2x}{2\sqrt{1-x^2}}$

(2)　$y=f(x)$ の点 $P(a,\ 2\sqrt{1-a^2})$ における接線 l の方程式は

$$y=-\frac{2a}{\sqrt{1-a^2}}(x-a)+2\sqrt{1-a^2}$$

$$\therefore\quad y=-\frac{2a}{\sqrt{1-a^2}}x+\frac{2}{\sqrt{1-a^2}}$$

(3)　(2)の結果から

$$Q\left(\frac{1}{a},\ 0\right),\ R\left(0,\ \frac{2}{\sqrt{1-a^2}}\right)$$

なので，三平方の定理より

$$d^2=\left(\frac{1}{a}\right)^2+\left(\frac{2}{\sqrt{1-a^2}}\right)^2$$

$$=\frac{1}{a^2}+\frac{4}{1-a^2}$$

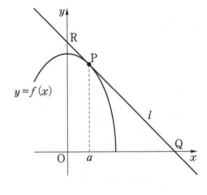

(4)　$t=a^2$ とおくと，$0<a<1$ から $0<t<1$ であり

$$d^2=\frac{1}{t}+\frac{4}{1-t}$$

◀置き換えなくても構いませんが，この方がスッキリしますよね？

ここで
$$g(t)=\frac{1}{t}+\frac{4}{1-t} \quad (0<t<1)$$

とすれば

$$g'(t)=-\frac{1}{t^2}+\frac{4}{(1-t)^2}$$

$$=\frac{-(1-t)^2+4t^2}{t^2(1-t)^2}$$

$$=\frac{(t+1)(3t-1)}{t^2(1-t)^2}$$

よって，増減は次の通り．

t	(0)	$\cdots$	$\dfrac{1}{3}$	$\cdots$	(1)
$g'(t)$		$-$	0	$+$	
$g(t)$		↘		↗	

したがって，$t=\dfrac{1}{3}$ のとき $g(t)$ は極小かつ最小

で，その最小値は $g\left(\dfrac{1}{3}\right)=3+6=9$ である．

以上から，$a=\dfrac{1}{\sqrt{3}}$ のとき，d は最小値 3 をと

る．

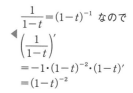

$\dfrac{1}{1-t}=(1-t)^{-1}$ なので

$\left(\dfrac{1}{1-t}\right)'$
$=-1\cdot(1-t)^{-2}\cdot(1-t)'$
$=(1-t)^{-2}$

◀分母は正なので，分子の
$(t+1)(3t-1)$
の符号を調べます．

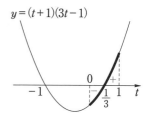

$y=(t+1)(3t-1)$

◀$t=a^2$ かつ $0<a<1$

補足 $y=2\sqrt{1-x^2}$ の両辺を 2 乗して，式変形すると

$$y^2=4(1-x^2) \qquad \therefore \quad x^2+\frac{y^2}{4}=1$$

とできます．これは**楕円の方程式**なので，$y=f(x)$ は楕円の上半分です．

■■■**メインポイント**■■■

多少メンドウな形でも，1 変数なら微分できるから最大・最小を求められる！

29 共有点の個数

アプローチ

例えば
$$x^2-2x-3=0 \iff x^2=2x+3$$
なので
$$y=x^2-2x-3 \ \text{と} \ y=0 \ \text{の共有点の個数}$$
と
$$y=x^2 \ \text{と} \ y=2x+3 \ \text{の共有点の個数}$$
は一致します.

つまり,**連立して y を消去した結果の方程式が一致していれば,共有点の個数は変わりません.**

だから,その事実を利用して,共有点の個数を判断しやすいようなグラフに分けて考えます. このとき,いわゆる**定数分離**が便利です.

◀どちらにしても,共有点の x 座標は
$$x=-1, \ 3$$
ですね.

解答

(1) $f(x)=xe^x-x^2-ax$ から
$$f'(x)=(x+1)e^x-2x-a$$
$$\therefore \ f'(0)=1-a$$

であり,点 $(0, \ f(0))$ における接線の傾きが -1 だから
$$1-a=-1 \quad \therefore \ \boldsymbol{a=2}$$

◀積の微分により
$$(xe^x)'=1\cdot e^x+x\cdot e^x$$
$$=(x+1)e^x$$

(2) (1)の結果から,$f(x)=xe^x-x^2-2x$ であり
$$f'(x)=(x+1)e^x-2x-2$$
$$=(x+1)(e^x-2)$$

なので,増減は次の通り.

x	$\cdots$	-1	$\cdots$	$\log 2$	$\cdots$
$f'(x)$	$+$	0	$-$	0	$+$
$f(x)$	$\nearrow$		$\searrow$		$\nearrow$

よって,求める極値は
$$\text{極大値}：f(-1)=1-\frac{1}{e}$$

◀$f'(x)$ の符号は,$x+1$ と e^x-2 を分けて考えます.

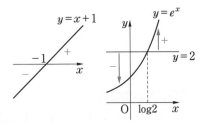

極小値：$f(\log 2) = -(\log 2)^2$

◀ $x=\log 2$ のとき $e^x = 2$
であることに注意して計算.
◀ 定数分離！

(3) $xe^x = x^2 + ax + b \iff xe^x - x^2 - ax = b$

であるから，$y = xe^x$ と $y = x^2 + ax + b$ の共有点の個数は，$y = f(x)$ と $y = b$ の共有点の個数と一致する.

(2)の増減表から，$y = f(x)$ の $-1 \leqq x \leqq 1$ におけるグラフは下図のようになる.

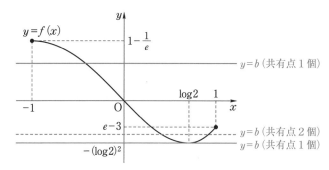

よって，求める共有点の個数は

$$
\begin{cases}
1 - \dfrac{1}{e} < b & \text{のとき} \quad 0\,\text{個} \\[2mm]
e - 3 < b \leqq 1 - \dfrac{1}{e} & \text{のとき} \quad 1\,\text{個} \\[2mm]
-(\log 2)^2 < b \leqq e - 3 & \text{のとき} \quad 2\,\text{個} \\[1mm]
b = -(\log 2)^2 & \text{のとき} \quad 1\,\text{個} \\[1mm]
b < -(\log 2)^2 & \text{のとき} \quad 0\,\text{個}
\end{cases}
$$

第4章

■ メインポイント ■

文字定数は分離せよ！

30 実数解の極限

アプローチ

前問と同様に，**方程式の実数解はグラフの交点です**.

したがって，(1)は $y=\dfrac{\log x}{x}$ のグラフと，x 軸に

平行な直線 $y=\dfrac{1}{3n}$ とが異なる 2 点で交わることを

示します.

◀本問は，最初から定数分離されています.

(2)は，α_n はグラフが単調に増加しているところにあり，β_n は単調に減少しているところにあることが，グラフからわかるので

$$f(\alpha_n)<f\left(e^{\frac{1}{n}}\right),\ \ f(ne)>f(\beta_n)$$

を示すのが目標です.

◀x 座標を直接比較できないから，y 座標を比較します.
　補足 参照.

最後の極限は，不等式が与えられているので，**はさみうちの原理**を用いて，すぐにわかります.

◀最後はサービス問題ですね.

解答

(1) $f(x)=\dfrac{\log x}{x}$ $(x>0)$ とすると

◀ 27 と同じ関数です.

$$f'(x)=\frac{1-\log x}{x^2}$$

よって，増減は次の通り.

x	(0)	$\cdots$	e	$\cdots$
$f'(x)$		$+$	0	$-$
$f(x)$		$\nearrow$	$\dfrac{1}{e}$	$\searrow$

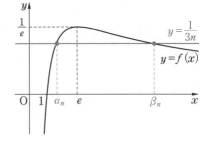

$$\lim_{x\to+0}f(x)=\lim_{x\to+0}\left(\frac{1}{x}\cdot\log x\right)=-\infty$$

$$\lim_{x\to\infty}f(x)=\lim_{x\to\infty}\frac{\log x}{x}=0$$

なので $y=f(x)$ のグラフは右図のようになる.

$e<3$ と，n が自然数であることから

$$0<\frac{1}{3n}\leqq\frac{1}{3}<\frac{1}{e}$$

◀ 直線 $y=\dfrac{1}{3n}$ が，x 軸より上側で，極大点より下側にあることがわかりました.

70

が成り立つので，$y=f(x)$ と直線 $y=\dfrac{1}{3n}$ は異なる 2 点で交わる.

したがって，方程式 $\dfrac{\log x}{x}=\dfrac{1}{3n}$ は異なる 2 つの実数解をもつ.

(2) グラフから，$1<\alpha_n$ である.

また，n が自然数であることに注意して

$$f\left(e^{\frac{1}{n}}\right)=\frac{1}{ne^{\frac{1}{n}}}>\frac{1}{3n} \quad \left(\because \ e^{\frac{1}{n}}<3\right)$$

$$f(ne)=\frac{\log(ne)}{ne}$$

$$=\frac{1+\log n}{ne}$$

$$\geqq \frac{1}{ne} \quad (\because \ \log n \geqq 0)$$

$$>\frac{1}{3n} \quad (\because \ e<3)$$

が成り立つから，グラフより

$$1<\alpha_n<e^{\frac{1}{n}}, \ ne<\beta_n$$

が成り立つ．また

$$\lim_{n\to\infty} e^{\frac{1}{n}}=e^0=1$$

なので，はさみうちの原理により

$$\lim_{n\to\infty}\alpha_n=1$$

下図のようになっていることを示しているのです.
◀ また，$e^{\frac{1}{n}}\leqq e \leqq ne$ が成り立つことは明らかですね.

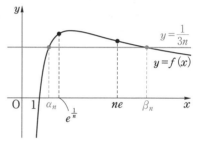

n を ∞ にトバすと，直線 $y=\dfrac{1}{3n}$ は x 軸に近づくので，α_n が 1 に近づくこと
◀ が図からもわかりますね.

補足 ある区間において

$f(x)$ が単調増加のとき　$f(\alpha)\leqq f(\beta) \iff \alpha \leqq \beta$

$f(x)$ が単調減少のとき　$f(\alpha)\leqq f(\beta) \iff \alpha \geqq \beta$

が成り立ちます.

◾️◾️ **メインポイント** ◾️◾️

方程式の実数解は，グラフの交点！

31 極値をもつ条件

一般に，微分可能な関数 $f(x)$ において

$$f(\alpha) \text{ が極値} \implies f'(\alpha)=0$$

が成り立ちますが，逆命題

$$f(\alpha) \text{ が極値} \impliedby f'(\alpha)=0$$

は，必ずしも正しいとはいえません.

極値とは，増減が切り替わる点の値のことであり，つまり，微分可能な関数 $f(x)$ においては，**$f'(x)$ の符号が変化する点の値**のことです.

◀「微分可能」というのは，グラフが尖らずになめらかであるということです. 例えば，$f(x)=|x|$ は $x=0$ において微分不可能ですが，$f(0)=0$ は極小値です.

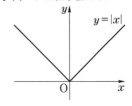

解答

(1) $g(x)=\dfrac{(x+1)^3}{x^2}$ $(x>0)$ から

$$g'(x)=\frac{3(x+1)^2 \cdot x^2-(x+1)^3 \cdot 2x}{(x^2)^2}$$

$$=\frac{(x+1)^2(x-2)}{x^3}$$

となるので，$g(x)$ の増減は次の通り.

x	(0)	$\cdots$	2	$\cdots$
$g'(x)$		$-$	0	$+$
$g(x)$		$\searrow$	$\dfrac{27}{4}$	$\nearrow$

◀商の微分.

◀$\dfrac{(x+1)^2}{x^3}$ は正だから，$x-2$ の符号を調べます.

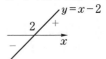

(2) $f(x)=\dfrac{1}{x}-\dfrac{k}{(x+1)^2}$ $(x>0)$ から

$$f'(x)=-\frac{1}{x^2}+\frac{2k}{(x+1)^3}$$

$$=\frac{1}{(x+1)^3}\left\{2k-\frac{(x+1)^3}{x^2}\right\}$$

$$=\frac{1}{(x+1)^3}\{2k-g(x)\}$$

◀(1)とのつながりに気づけましたか?

となり，$x>0$ において $\dfrac{1}{(x+1)^3}>0$ だから，

$f(x)$ が極値をもつのは $2k-g(x)$ の符号が変化するときである．

つまり，$y=2k$ と $y=g(x)$ のグラフの上下が変化するときである．

(1)の増減表と

$$\lim_{x\to+0}g(x)=\frac{1}{+0}=\infty,\ \lim_{x\to\infty}g(x)=\infty$$

から，$y=g(x)$ のグラフは右の通りなので

$$2k>\frac{27}{4}\qquad\therefore\quad k>\frac{27}{8}$$

(3) $f(x)$ が $x=a$ で極値をとるとき，$f'(a)=0$ だから

$$2k-\frac{(a+1)^3}{a^2}=0\qquad\therefore\quad k=\frac{(a+1)^3}{2a^2}$$

が成り立つ．よって，極値 $f(a)$ は

$$f(a)=\frac{1}{a}-\frac{k}{(a+1)^2}=\frac{1}{a}-\frac{a+1}{2a^2}=\frac{a-1}{2a^2}$$

(4) (2)のグラフから，$f(x)$ の増減は右の通りであり，極大値をとる x 座標 a は $2<a$ を満たすから

$$\frac{1}{8}-f(a)=\frac{1}{8}-\frac{a-1}{2a^2}$$

$$=\frac{a^2-4a+4}{8a^2}$$

$$=\frac{(a-2)^2}{8a^2}>0$$

$$\therefore\quad \frac{1}{8}>f(a)$$

よって，題意は示された．

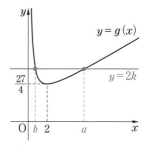

本問においては重要ではありませんが

$$g(x)=\frac{x^3+3x^2+3x+1}{x^2}$$
$$=x+3+\frac{3}{x}+\frac{1}{x^2}$$

とできるので

$$\lim_{x\to\infty}\{g(x)-(x+3)\}$$
$$=\lim_{x\to\infty}\left(\frac{3}{x}+\frac{1}{x^2}\right)=0$$

よって，$y=x+3$ が漸近線になります．

x	(0)	$\cdots$	b	$\cdots$	a	$\cdots$
$f'(x)$		$-$	0	$+$	0	$-$
$f(x)$		$\searrow$		$\nearrow$		$\searrow$

第4章

極値は，$f'(x)$ の符号が変化するところ！

32 不等式の証明①

アプローチ

不等式 $g(x)>h(x)$ が成り立つことを示すときは
$$f(x)=g(x)-h(x)$$
とした**差の関数 $f(x)$ の最小値が正であることを示す**方針が有効です.（厳密には，定義域によっては最小値をとらない関数もありますが，とにかく最も小さくなりそうなところを考えます.）

だから(1)では
$$f(x)=2x+\frac{2}{3}\cdot\frac{x^3}{1-x^2}-\log\frac{1+x}{1-x}$$
とおいて，微分することで増減を調べます.

(2)は，(1)で示した不等式の x に何を代入すればいいか考えましょう.

◀$g(x)\geqq h(x)$ を示すのであれば，$f(x)$ の最小値が 0 以上であることを示します.

解答

(1) $f(x)=2x+\dfrac{2}{3}\cdot\dfrac{x^3}{1-x^2}-\log\dfrac{1+x}{1-x}$ $(0\leqq x<1)$

とおくと

$$f'(x)=2+\frac{2}{3}\cdot\frac{3x^2(1-x^2)-x^3\cdot(-2x)}{(1-x^2)^2}$$
$$-\frac{1-x}{1+x}\cdot\frac{1\cdot(1-x)-(1+x)\cdot(-1)}{(1-x)^2}$$
$$=2+\frac{2}{3}\cdot\frac{-x^4+3x^2}{(1-x^2)^2}-\frac{2}{1-x^2}$$
$$=2\cdot\frac{3(1-x^2)^2-x^4+3x^2-3(1-x^2)}{3(1-x^2)^2}$$
$$=\frac{4x^4}{3(1-x^2)^2}\geqq0\quad(\because\quad 0\leqq x<1)$$

したがって，$f(x)$ は単調増加であるから，$0<x<1$ において
$$f(x)>f(0)=0$$
が成り立つ. すなわち
$$\log\frac{1+x}{1-x}<2x+\frac{2}{3}\cdot\frac{x^3}{1-x^2}$$
が成り立つ.

◀問題文では $0<x<1$ なのに，ここでは 0 の方に等号をつけています.
その理由はあとでわかります.

◀商の微分.

◀$(\log■)'=\dfrac{1}{■}\cdot■'$

◀通分して整理しましょう.

◀ここで「$f(0)$」と書きたかったので，最初の定義域に等号をつけておきました.

(2) $\dfrac{1+x}{1-x}=2$ とすると

$$1+x=2(1-x) \qquad \therefore \quad x=\dfrac{1}{3}$$

なので，(1)の不等式に $x=\dfrac{1}{3}$ を代入すると

$$\log 2 < \dfrac{2}{3}+\dfrac{2}{3}\cdot\dfrac{\dfrac{1}{27}}{1-\dfrac{1}{9}}=\dfrac{25}{36}$$

が成り立つ.

◀示すべき不等式に $\log 2$ と書いてあるので，これを試すのは自然な発想ですよね.

補足 関数 $f(x)$ を定義できる x の範囲は，$\log\dfrac{1+x}{1-x}$ の真数条件から

$-1<x<1$ となります. $\left(\text{このとき，}\dfrac{x^3}{1-x^2}\text{の分母は }0\text{ にならない.}\right)$

したがって，問題で設定された定義域 $0<x<1$ は「$f(x)$ のグラフはもっと広い範囲にあるけど，**今はこの部分を見る**」という意味での定義域です.

だから，途中計算では $0\le x<1$ としておいても問題ないのです.

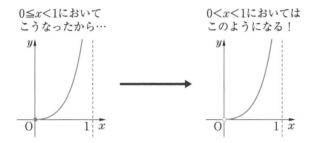

$0\le x<1$ において
こうなったから…

$0<x<1$ においては
このようになる！

▪◣ メインポイント ▸▪

不等式は，差の関数の最小値を考える！

33 不等式の証明②

例えば $x=3$, $r=\dfrac{1}{2}$ とすれば

$$x^r-1=3^{\frac{1}{2}}-1=\sqrt{3}-1=0.73\cdots$$

$$r(x-1)=\dfrac{1}{2}(3-1)=1$$

なので，$r(x-1)\geqq x^r-1$ だろうと予想できます．

したがって，あとは前問 **32** と同様に

$$f(x)=r(x-1)-(x^r-1)$$

として，$f(x)$ の最小値を調べます.

◀具体的な値で実験.

もちろん，違う値で実験したら逆向きになるかもしれません．
そのときは，場合分けが必要かもしれませんが，それは $f(x)$ を調べる過程で必然性が出てくるはずです．

(2)は，(1)で示した不等式に何を代入すればいいか，少し見えにくいです．

とりあえず，指数に注目すれば

$$r=\dfrac{1}{p} \quad or \quad r=\dfrac{1}{q}$$

だろうと見当がつけられます．また

$$a^{\frac{1}{p}}b^{\frac{1}{q}}=a^{\frac{1}{p}}b^{1-\frac{1}{p}}=\left(\dfrac{a}{b}\right)^{\frac{1}{p}}\cdot b$$

とできることに気づけば

$$x=\dfrac{a}{b}$$

は試す価値がありそうです．

◀条件式 $\dfrac{1}{p}+\dfrac{1}{q}=1$ から，一方の文字を消去できるので，どちらでもイイでしょう．

◀確信は持てないけど，おそれずに試してみましょう．

解答

(1) $f(x)=r(x-1)-(x^r-1)$ $(x>0)$ とすると

$$f'(x)=r-rx^{r-1}$$
$$=rx^{r-1}(x^{1-r}-1)$$

よって，増減は次の通り．

x	(0)	$\cdots$	1	$\cdots$
$f'(x)$		$-$	0	$+$
$f(x)$		$\searrow$		$\nearrow$

◀$r-1$ は負なので

$$x^{r-1}=\dfrac{1}{x^{(正の数)}}>0$$

をくくり出すことで( )の中を増加関数にしておきました．

したがって，$x>0$ において
$$f(x) \geqq f(1) = 0$$
が成り立つ.
$$\therefore \quad r(x-1) \geqq x^r - 1$$
（等号は $x=1$ のとき）

◀不等式の問題は，単調増加
または単調減少の問題だけ
ではありません.

(2) $p>1$ から $0<\dfrac{1}{p}<1$ であり，$a>0$, $b>0$ のと

き $\dfrac{a}{b}>0$ なので，(1)の結果に

$$r = \frac{1}{p}, \quad x = \frac{a}{b}$$

を代入できる.

◀$0<r<1$, $x>0$ という条
件に当てはまっていること
を確認しました.

よって

$$\frac{1}{p}\left(\frac{a}{b} - 1\right) \geqq \left(\frac{a}{b}\right)^{\frac{1}{p}} - 1$$

$$\therefore \quad \frac{1}{p}(a-b) \geqq a^{\frac{1}{p}} b^{1-\frac{1}{p}} - b$$

$$\therefore \quad \frac{a}{p} + \left(1 - \frac{1}{p}\right)b \geqq a^{\frac{1}{p}} b^{1-\frac{1}{p}}$$

$\dfrac{1}{p} + \dfrac{1}{q} = 1$ から $1 - \dfrac{1}{p} = \dfrac{1}{q}$ なので

$$\frac{a}{p} + \frac{b}{q} \geqq a^{\frac{1}{p}} b^{\frac{1}{q}}$$

（等号は $\dfrac{a}{b} = 1$ つまり $a=b$ のとき）

■■■ メインポイント ■■■

実験からの予想 & 証明！

---

34 絶対不等式

アプローチ

「与えられた定義域内のすべての x に対して成り立つ不等式」を**絶対不等式**といいます．つまり本問は「与式が絶対不等式になるような a の値の範囲を調べる」問題ということになりますが，ここでも**定数分離**は有効です．

$$\cos x \leqq 1-ax^2 \iff 0 \leqq 1-ax^2-\cos x$$

から，$f(x)=1-ax^2-\cos x$ の最小値が 0 以上になる条件を調べてもいいのですが

$$\cos x \leqq 1-ax^2 \iff a \leqq \frac{1-\cos x}{x^2}$$

として，$f(x)=\dfrac{1-\cos x}{x^2}$ を調べる方が文字定数が含まれないのでラクそうですね．ただ，このとき

$$f'(x)=\frac{\sin x \cdot x^2-(1-\cos x)\cdot 2x}{(x^2)^2}$$

$$=\frac{x(x\sin x-2+2\cos x)}{x^4}$$

となってしまい符号が調べにくいので，三角関数の知識を用いて $\dfrac{1-\cos x}{x^2}$ を変形しておきます．

▷ x の範囲の指定がとくになければ，「その関数が定義できる範囲のすべて」ということになります．

▷ $x \neq 0$ でないと，この式変形はできないので，$x=0$ の場合は別に調べます．

▷ 文字定数が含まれていると場合分けが発生することが多いです．

解答

$x=0$ のとき

$$\cos x=\cos 0=1, \quad 1-ax^2=1$$

だから，a の値に関係なく与式は成り立つ．

$x \neq 0$ のとき

$$\cos x \leqq 1-ax^2 \iff a \leqq \frac{1-\cos x}{x^2}$$

$$\iff a \leqq \frac{2\sin^2 \dfrac{x}{2}}{x^2}$$

さらに $\theta=\dfrac{x}{2}$ とおくと

$$a \leqq \frac{2\sin^2\theta}{(2\theta)^2}=\frac{1}{2}\left(\frac{\sin\theta}{\theta}\right)^2$$

▷ 2倍角の公式から
$$\cos x=\cos\left(2\cdot\frac{x}{2}\right)$$
$$=1-2\sin^2\frac{x}{2}$$
$$\therefore \quad 2\sin^2\frac{x}{2}=1-\cos x$$

とできるので，$\dfrac{1}{2}\left(\dfrac{\sin\theta}{\theta}\right)^2$ の $-\dfrac{\pi}{4}\leqq\theta\leqq\dfrac{\pi}{4}$ におけ

る最小値が，求める a の最大値である．

$f(\theta)=\dfrac{\sin\theta}{\theta}$ とすると，$f(-\theta)=f(\theta)$ が成り立

つから $f(\theta)$ は偶関数である．

よって，$0<\theta\leqq\dfrac{\pi}{4}$ で考えれば十分である．

$$f'(\theta)=\dfrac{\cos\theta\cdot\theta-\sin\theta\cdot1}{\theta^2}$$
$$=\dfrac{\cos\theta(\theta-\tan\theta)}{\theta^2}$$

となるから，$f(\theta)$ の増減は次の通り．

θ	(0)	$\cdots$	$\dfrac{\pi}{4}$
$f'(\theta)$		$-$	
$f(\theta)$		$\searrow$	

したがって

$$f(\theta)\geqq f\left(\dfrac{\pi}{4}\right)=\dfrac{\sin\dfrac{\pi}{4}}{\dfrac{\pi}{4}}=\dfrac{2\sqrt{2}}{\pi}$$

が成り立つから，$\dfrac{1}{2}\left(\dfrac{\sin\theta}{\theta}\right)^2=\dfrac{1}{2}\{f(\theta)\}^2$ の

$-\dfrac{\pi}{4}\leqq\theta\leqq\dfrac{\pi}{4}$ における最小値は

$$\dfrac{1}{2}\left(\dfrac{2\sqrt{2}}{\pi}\right)^2=\dfrac{4}{\pi^2}$$

である．

ゆえに，求める a の最大値は

$$a=\dfrac{4}{\pi^2}$$

◀ $f(-\theta)=\dfrac{\sin(-\theta)}{-\theta}$

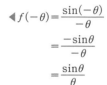

$=\dfrac{-\sin\theta}{-\theta}$

$=\dfrac{\sin\theta}{\theta}$

$\dfrac{\cos\theta}{\theta^2}$ は正なので，調べる

◀ のは $\theta-\tan\theta$ の符号です．
$y=\theta$，$y=\tan\theta$ のグラフ
は下図の通り．

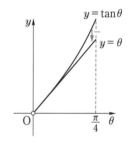

35 平均値の定理

$\dfrac{差}{差}$ の形を含む不等式を見たら，**平均値の定理**を疑いましょう．

◀本問は $\dfrac{\log x - \log y}{x - y}$ から分母を払った形になっています．

平均値の定理

関数 $f(x)$ が，$\alpha \le x \le \beta$ で連続で，$\alpha < x < \beta$ で微分可能であれば

$$\dfrac{f(\beta) - f(\alpha)}{\beta - \alpha} = f'(t) \quad かつ \quad \alpha < t < \beta$$

となる実数 t が存在する．

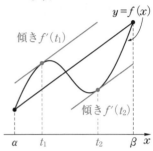

難しく感じられるかもしれませんが，要するに **$f(x)$ のグラフがなめらかにつながっていれば，端点を結んだ直線と平行な接線が引ける！** ということです．

(2)は，(1)で示した不等式に何を代入すればうまくいくのか考えます．$x_i \log x_i$ という形が見えているので，$x = x_i$ を代入するのはすぐ見当がつきますね．

解答

(1)　i)　$x = y$ の場合

$$x(\log x - \log y) = 0, \quad x - y = 0$$

$$\therefore \quad x(\log x - \log y) = x - y$$

ii)　$x \ne y$ の場合

$f(X) = \log X$ とすると $f'(X) = \dfrac{1}{X}$ だから，

平均値の定理により

$$\dfrac{f(x) - f(y)}{x - y} = f'(t)$$

$$\therefore \quad \dfrac{\log x - \log y}{x - y} = \dfrac{1}{t} \quad \cdots\cdots (*)$$

となる x と y の間の数 t が存在する．

◀この場合，平均値の定理は使えないので，場合を分けておきます．

$x>t>y$ の場合，（＊）から

$$x-y=t(\log x-\log y)$$
$$<x(\log x-\log y)\quad(\because\quad\log x-\log y>0)$$

$x<t<y$ の場合，（＊）から

$$x-y=t(\log x-\log y)$$
$$<x(\log x-\log y)\quad(\because\quad\log x-\log y<0)$$

i），ⅱ）により，題意は示された．

(2) (1)で示した不等式に，$x=x_i$，$y=\dfrac{1}{n}$ を代入すると

$$x_i\left(\log x_i-\log\frac{1}{n}\right)\geqq x_i-\frac{1}{n}$$
$$\therefore\quad x_i\log x_i\geqq\left(1+\log\frac{1}{n}\right)x_i-\frac{1}{n}$$

となるので

$$\sum_{i=1}^{n}x_i\log x_i\geqq\sum_{i=1}^{n}\left\{\left(1+\log\frac{1}{n}\right)x_i-\frac{1}{n}\right\}$$
$$=\left(1+\log\frac{1}{n}\right)\sum_{i=1}^{n}x_i-\sum_{i=1}^{n}\frac{1}{n}$$
$$=1+\log\frac{1}{n}-n\cdot\frac{1}{n}\quad\left(\because\quad\sum_{i=1}^{n}x_i=1\right)$$
$$=\log\frac{1}{n}$$

等号が成り立つのは $x=y$ のとき，つまり，すべての i で $x_i=\dfrac{1}{n}$ が成り立つとき．

◀示すべき不等式の $\log$ の真数に入っているのが x_i と $\dfrac{1}{n}$ なので，試す価値はありそうですよね．

第4章

━■ メインポイント ■━

$$\dfrac{差}{差}\text{には平均値の定理を疑え！}$$

36 基本関数の積分，$f(ax+b)$ の積分

アプローチ

積分計算の基本は「**微分の逆**」です．したがって，次の各式が成り立ちます．（積分定数は省略しました．）

◀それぞれの右辺を微分して確認してみてください．

基本関数の積分

① $\displaystyle\int x^n dx = \frac{1}{n+1}x^{n+1}$　$(n \neq -1)$

② $\displaystyle\int \frac{1}{x}dx = \log|x|$

③ $\displaystyle\int \sin x\, dx = -\cos x$

④ $\displaystyle\int \cos x\, dx = \sin x$

⑤ $\displaystyle\int \frac{1}{\cos^2 x}dx = \tan x$

⑥ $\displaystyle\int e^x dx = e^x$

◀$x<0$ のとき
$$(\log|x|)' = (\log(-x))'$$
$$= \frac{1}{-x}\cdot(-x)'$$
$$= \frac{1}{x}$$

◀商の微分により
$$(\tan x)' = \left(\frac{\sin x}{\cos x}\right)'$$
$$= \frac{\cos^2 x + \sin^2 x}{\cos^2 x}$$
$$= \frac{1}{\cos^2 x}$$

また，$F'(\blacksquare) = f(\blacksquare)$ のとき
$$\{F(ax+b)\}' = f(ax+b)\cdot(ax+b)'$$
$$= af(ax+b)$$

なので

$$\int f(ax+b)\,dx = \frac{1}{a}F(ax+b) + C$$

$$(a \neq 0,\ C:積分定数)$$

が成り立ちます．

◀$F(ax+b)$ を微分したときに出てくる
$(ax+b)' = a$
がジャマなので，割っておくということです．

解答

(1) $\displaystyle\int_0^{\frac{\pi}{3}} \frac{dx}{\cos^2 x} = \Big[\tan x\Big]_0^{\frac{\pi}{3}}$

$\displaystyle\qquad = \tan\frac{\pi}{3} - \tan 0$

$\displaystyle\qquad = \sqrt{3}$

◀$\displaystyle\int \frac{dx}{\cos^2 x}$ は $\displaystyle\int \frac{1}{\cos^2 x}dx$ と同じ意味です．

(2) $\displaystyle\int \frac{1}{2x+3}dx = \frac{1}{2}\log|2x+3| + C$ （C：積分定数）

$\underset{\qquad(2x+3)'=2\ \text{で割っておく}}{\underbrace{\qquad\qquad}}$

(3) $\displaystyle\int_2^3 \frac{x^3+2}{x-1}dx = \int_2^3\left(x^2+x+1+\frac{3}{x-1}\right)dx$　◀ x^3+2
$\qquad\qquad\qquad\qquad\qquad\qquad\qquad\qquad = (x-1)(x^2+x+1)+3$

$\qquad\qquad\quad = \left[\frac{1}{3}x^3 + \frac{1}{2}x^2 + x + 3\log|x-1|\right]_2^3$

$\qquad\qquad\quad = \frac{1}{3}(3^3-2^3) + \frac{1}{2}(3^2-2^2) + (3-2) + 3(\log 2 - \log 1)$

$\qquad\qquad\quad = \frac{59}{6} + 3\log 2$

(4) $\displaystyle\int_0^1 \frac{dx}{x^2-2x-3} = \int_0^1 \frac{dx}{(x-3)(x+1)}$

$\qquad\qquad\quad = \frac{1}{4}\int_0^1\left(\frac{1}{x-3} - \frac{1}{x+1}\right)dx$　◀ 部分分数分解です.

$\qquad\qquad\quad = \frac{1}{4}\left[\log|x-3| - \log|x+1|\right]_0^1$　$\quad\dfrac{1}{x-3} - \dfrac{1}{x+1}$

$\qquad\qquad\quad = \frac{1}{4}\left[\log\left|\frac{x-3}{x+1}\right|\right]_0^1$　$\qquad = \dfrac{(x+1)-(x-3)}{(x-3)(x+1)}$

$\qquad\qquad\qquad\qquad\qquad\qquad\qquad = \dfrac{4}{(x-3)(x+1)}$

$\qquad\qquad\quad = \frac{1}{4}(\log 1 - \log 3)$　だから，4 で割ってツジツ
マを合わせています.

$\qquad\qquad\quad = -\frac{1}{4}\log 3$

(5) $\displaystyle\int \sin^2 t\, dt = \int \frac{1-\cos 2t}{2}dt$　◀ 2 倍角の公式
$\qquad\qquad\qquad\qquad\qquad\qquad\qquad \cos 2\theta = 1 - 2\sin^2\theta$

$\qquad\qquad\quad = \frac{1}{2}t - \frac{1}{2}\cdot\frac{1}{2}\sin 2t + C$　から

$\underset{\qquad(2t)'=2\ \text{で割っておく}}{\underbrace{\qquad\qquad}}$　$\qquad \sin^2\theta = \dfrac{1-\cos 2\theta}{2}$

$\qquad\qquad\quad = \frac{1}{2}t - \frac{1}{4}\sin 2t + C$ （C：積分定数）　が成り立ちます.

■ メインポイント ■

積分計算の基本は「微分の逆」！

37 置換積分①(平行移動の利用)

アプローチ

x を t の関数とし，$F'(\blacksquare)=f(\blacksquare)$ であるとき，合成関数の微分により

$$\frac{d}{dt}F(x)=f(x)\frac{dx}{dt}$$

となるから，この両辺を t で積分すると

$$F(x)=\int f(x)\frac{dx}{dt}dt$$

$$\therefore \int f(x)\,dx=\int f(x)\frac{dx}{dt}dt$$

これを**置換積分**といいます．要するに

$$dx \text{ を } \frac{dx}{dt}dt \text{ に変えられる！}$$

ということです．

$\sqrt{}$ を含む積分計算では

$\sqrt{}$ ごと t とおく or $\sqrt{}$ の中身を t とおく

とうまくいくことが多いです．

また 別解 では

定積分の値は x 軸方向に平行移動しても変わらない

という事実を利用しています．筆者は上記の置換積分よりも，こっちの解法の方を多用しています．

◀ ただの分数計算のように dx を $\frac{dx}{dt}dt$ に変えられるのは，ライプニッツが作った積分記号がとても優秀だからです．

◀ $\sqrt{}$ の中が単項式の方が積分しやすいのです．

◀ 積分区間も一緒に平行移動します．

解答

(1) $t=\sqrt{x-2}$ とおくと，$t^2=x-2$ から

$$2t=\frac{dx}{dt}$$

なので

$$\int_2^4 x\sqrt{x-2}\,dx=\int_0^{\sqrt{2}}(t^2+2)\cdot t\cdot \underset{2t}{\underline{\frac{dx}{dt}}}dt$$

$$=2\int_0^{\sqrt{2}}(t^4+2t^2)dt$$

$$=2\left[\frac{1}{5}t^5+\frac{2}{3}t^3\right]_0^{\sqrt{2}}$$

◀ 両辺を t で微分しました．

◀ t についての積分に変えたので，積分区間も t の範囲に変更します．

x	2	→	4
t	0	→	$\sqrt{2}$

$$= 2\left(\frac{4\sqrt{2}}{5} + \frac{4\sqrt{2}}{3}\right)$$

$$= \frac{64\sqrt{2}}{15}$$

(2)　$t = 2x + 1$ とおくと

$$\frac{dt}{dx} = 2 \qquad \therefore \quad \frac{dx}{dt} = \frac{1}{2}$$

なので

$$\int_0^{\frac{1}{2}} \frac{x}{(2x+1)^2} dx = \int_1^2 \frac{t-1}{2t^2} \cdot \frac{\frac{1}{2}}{\frac{dx}{dt}} dt$$

$$= \frac{1}{4} \int_1^2 \left(\frac{1}{t} - \frac{1}{t^2}\right) dt$$

$$= \frac{1}{4} \left[\log|t| + \frac{1}{t}\right]_1^2$$

$$= \frac{1}{4} \left(\log 2 - \log 1 + \frac{1}{2} - 1\right)$$

$$= \frac{1}{4} \left(\log 2 - \frac{1}{2}\right)$$

◀ 分母を単項式にできるよう
に置換します.

x	0	→	$\frac{1}{2}$
t	1	→	2

別解

(1)　x 軸正方向に -2 平行移動することで

$$\int_2^4 x\sqrt{x-2}\,dx = \int_0^2 (x+2)\sqrt{x}\,dx$$

$$= \int_0^2 \left(x^{\frac{3}{2}} + 2x^{\frac{1}{2}}\right) dx$$

$$= \left[\frac{2}{5}x^{\frac{5}{2}} + 2 \cdot \frac{2}{3}x^{\frac{3}{2}}\right]_0^2$$

$$= \frac{2}{5} \cdot 4\sqrt{2} + \frac{4}{3} \cdot 2\sqrt{2}$$

$$= \frac{64\sqrt{2}}{15}$$

◀ x に $x+2$ を代入.

◀ 積分区間も移動します.

(2)　x 軸正方向に $+\dfrac{1}{2}$ 平行移動することで　　　　　◀ x に $x-\dfrac{1}{2}$ を代入.

$$\int_0^{\frac{1}{2}} \frac{x}{(2x+1)^2}dx = \int_{\frac{1}{2}}^{1} \frac{x-\dfrac{1}{2}}{(2x)^2}dx$$　　◀積分区間も移動します.

$$= \frac{1}{4}\int_{\frac{1}{2}}^{1}\left(\frac{1}{x}-\frac{1}{2x^2}\right)dx$$

$$= \frac{1}{4}\left[\log|x|+\frac{1}{2x}\right]_{\frac{1}{2}}^{1}$$

$$= \frac{1}{4}\left(\log 1 - \log\frac{1}{2}+\frac{1}{2}-1\right)$$

$$= \frac{1}{4}\left(\log 2 - \frac{1}{2}\right)$$

補足　　置換も平行移動も「どうしたら積分しやすい形にできるか？」と考えることが大切です．本問においては

$$\sqrt{} \text{ の中は単項式がイイ，分母は単項式がイイ}$$

というアイディアに基づいています.

━━▌**メインポイント**▐━━

$$dx \text{ は } \frac{dx}{dt}dt \text{ に変えられる！}$$

38 置換積分②（特別な置換）

アプローチ

① $\sqrt{a^2-x^2}$ を含む関数の積分計算は

$$x = a\cos\theta \quad (0 \leq \theta \leq \pi)$$
$$\text{または}$$
$$x = a\sin\theta \quad \left(-\frac{\pi}{2} \leq \theta \leq \frac{\pi}{2}\right)$$

◀ どちらでも OK.

と置換して行います.

② $\dfrac{1}{a^2+x^2}$ を含む関数の積分計算は

$$x = a\tan\theta \quad \left(-\frac{\pi}{2} < \theta < \frac{\pi}{2}\right)$$

と置換して行います.

　どちらの場合も，これらの置換を覚えておかないと計算できません.

右側余白：第5章

解答

(1)　$x = 3\cos\theta$ とおくと

$$\frac{dx}{d\theta} = -3\sin\theta$$

なので

x	0	$\rightarrow$	$\dfrac{3}{2}$
θ	$\dfrac{\pi}{2}$	$\rightarrow$	$\dfrac{\pi}{3}$

$$\int_0^{\frac{3}{2}} \frac{6}{\sqrt{9-x^2}}\,dx = \int_{\frac{\pi}{2}}^{\frac{\pi}{3}} \frac{6}{\sqrt{9-9\cos^2\theta}} \cdot \overset{-3\sin\theta}{\underset{\fbox{$\frac{dx}{d\theta}$}}{}}\,d\theta$$

$$= \int_{\frac{\pi}{3}}^{\frac{\pi}{2}} \frac{6}{\sqrt{1-\cos^2\theta}} \cdot \sin\theta\,d\theta$$

$$= \int_{\frac{\pi}{3}}^{\frac{\pi}{2}} \frac{6}{\sin\theta} \cdot \sin\theta\,d\theta$$

$$= 6\int_{\frac{\pi}{3}}^{\frac{\pi}{2}} d\theta$$

$$= 6\left(\frac{\pi}{2} - \frac{\pi}{3}\right)$$

$$= \pi$$

◀ $\dfrac{dx}{d\theta}$ の「－」で，積分区間の上下を入れ替えました.

◀ 積分区間が $\dfrac{\pi}{3} \leq \theta \leq \dfrac{\pi}{2}$
なので
$$\sqrt{1-\cos^2\theta}$$
$$=\sqrt{\sin^2\theta}$$
$$=|\sin\theta|$$
$$=\sin\theta$$
となります.

(2) $x=\tan\theta$ とおくと

$$\frac{dx}{d\theta}=\frac{1}{\cos^2\theta}$$

なので

x	1	$\to$	$\sqrt{3}$
θ	$\dfrac{\pi}{4}$	$\to$	$\dfrac{\pi}{3}$

$$\int_1^{\sqrt{3}}\frac{dx}{x^2+1}=\int_{\frac{\pi}{4}}^{\frac{\pi}{3}}\frac{1}{\tan^2\theta+1}\cdot\overbrace{\frac{dx}{d\theta}}^{\frac{1}{\cos^2\theta}}d\theta$$

$$=\int_{\frac{\pi}{4}}^{\frac{\pi}{3}}d\theta$$

$$=\frac{\pi}{3}-\frac{\pi}{4}$$

$$=\boldsymbol{\frac{\pi}{12}}$$

◀ $(\tan^2\theta+1)\cdot\cos^2\theta$
$=\left(\dfrac{\sin^2\theta}{\cos^2\theta}+1\right)\cdot\cos^2\theta$
$=\sin^2\theta+\cos^2\theta$
$=1$

(3) $x=\cos\theta$ とおくと

$$\frac{dx}{d\theta}=-\sin\theta$$

なので

x	0	$\to$	1
θ	$\dfrac{\pi}{2}$	$\to$	0

$$\int_0^1\sqrt{1-x^2}\,dx=\int_{\frac{\pi}{2}}^{0}\sqrt{1-\cos^2\theta}\cdot\overbrace{\frac{dx}{d\theta}}^{-\sin\theta}d\theta$$

$$=\int_0^{\frac{\pi}{2}}\sin^2\theta\,d\theta$$

$$=\int_0^{\frac{\pi}{2}}\frac{1-\cos2\theta}{2}d\theta$$

$$=\frac{1}{2}\left[\theta-\frac{1}{2}\sin2\theta\right]_0^{\frac{\pi}{2}}$$

$$=\frac{1}{2}\cdot\frac{\pi}{2}$$

$$=\boldsymbol{\frac{\pi}{4}}$$

◀ 36 (5)と同じ積分です.

◀この(3)は，次ページの
別解 のように図形的に考
えた方が速い！

88

(3) $y=\sqrt{1-x^2}$ として，両辺を 2 乗すると

$$y^2=1-x^2 \qquad \therefore \quad x^2+y^2=1$$

となるので，$y=\sqrt{1-x^2}$ は原点中心，半径 1 の円（単位円）の $y \geqq 0$ の部分である．

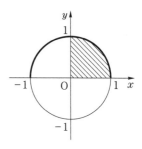

よって，$\displaystyle\int_0^1 \sqrt{1-x^2}\,dx$ は右図の斜線部分の面積を表すので

$$\int_0^1 \sqrt{1-x^2}\,dx=\frac{\pi}{4}$$

◀ 単位円の面積は π です．

補足 (1), (2)で $\displaystyle\int_\alpha^\beta d\theta$ という形の式が出てきました．これは $\displaystyle\int_\alpha^\beta 1\,d\theta$ と同じ意味ですが 1 は省略するのが慣例です．

なお，計算は

$$\int_\alpha^\beta d\theta=\Big[\theta\Big]_\alpha^\beta=\beta-\alpha$$

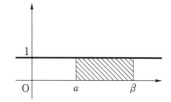

と機械的に行ってもイイのですが，筆者は右図の斜線部分の面積，つまり長方形の面積と考えて

$$\int_\alpha^\beta d\theta=\beta-\alpha$$

としています．

■ **メインポイント** ■

$$\sqrt{a^2-x^2} \longrightarrow x=a\cos\theta \text{ または } x=a\sin\theta \text{ とおく！}$$

$$\frac{1}{a^2+x^2} \longrightarrow x=a\tan\theta \text{ とおく！}$$

39 恒等式の利用

アプローチ

そのままでは積分計算できない式でも，計算できるカタマリをうまく作ることで，全体の計算ができるようになる場合があります．

本問は，それを(2)の恒等式を作ることで誘導しています．

解答

(1) $x=\tan\theta$ とおくと

$$\frac{dx}{d\theta}=\frac{1}{\cos^2\theta}$$

x	0	→	1
θ	0	→	$\frac{\pi}{4}$

なので

$$\int_0^1 \frac{1}{x^2+1}dx=\int_0^{\frac{\pi}{4}} \frac{1}{\tan^2\theta+1}\cdot\frac{dx}{d\theta}d\theta$$

◀ 38 参照.

$$=\int_0^{\frac{\pi}{4}} d\theta$$

$$=\frac{\pi}{4}$$

(2) 右辺を通分して整理すれば

$$\frac{A}{x+2}+\frac{Bx+C}{x^2+1}=\frac{A(x^2+1)+(Bx+C)(x+2)}{(x+2)(x^2+1)}$$

$$=\frac{(A+B)x^2+(2B+C)x+(A+2C)}{(x+2)(x^2+1)}$$

となる.

これが $\dfrac{x^2+3x+7}{(x+2)(x^2+1)}$ と一致するとき

$$A+B=1,\ 2B+C=3,\ A+2C=7$$

が成り立つので，これを解いて

$$A=1,\ B=0,\ C=3$$

(3) (1), (2)から

$$\int_0^1 \frac{x^2+3x+7}{x^3+2x^2+x+2}dx$$

$$=\int_0^1 \frac{x^2+3x+7}{(x+2)(x^2+1)}dx$$

$$=\int_0^1 \left(\frac{1}{x+2}+\frac{3}{x^2+1}\right)dx$$

◀(2)の恒等式を利用.

$$=\left[\log|x+2|\right]_0^1+3\int_0^1 \frac{1}{x^2+1}dx$$

$$=\log 3-\log 2+3\cdot\frac{\pi}{4}$$

◀ $\int_0^1 \frac{1}{x^2+1}dx$ は(1)で計算
してあります.

$$=\frac{3}{4}\pi+\log\frac{3}{2}$$

補足 分数式の積分計算は,次のパターンをおさえておきましょう.

① **分母を単項式にするように置換**(**37** (2))

② **分母が因数分解できるなら,部分分数に分ける**(本問, **36** (4))

③ **分母が因数分解できないなら**

(イ) **平方完成して tan に置換**(本問(1), **38** (2))

ex) $\displaystyle\int_1^2 \frac{dx}{x^2-2x+2}=\int_1^2 \frac{dx}{(x-1)^2+1}$

$$=\int_0^1 \frac{dx}{x^2+1} \qquad (平行移動しました.)$$

$$=\frac{\pi}{4} \qquad (本問(1)と同じです.)$$

(ロ) $\displaystyle\int \frac{g'(x)}{g(x)}dx$ **を疑う**(**40** (4), (5))

ex) $\displaystyle\int \frac{3x^2+2}{x^3+2x+1}dx=\int \frac{(x^3+2x+1)'}{x^3+2x+1}dx$

$$=\log|x^3+2x+1|+C \quad (C:積分定数)$$

■ メインポイント ■

そのままでは計算できなくても,計算できるカタマリを作る!

40 $f(g(x))g'(x)$ の積分

アプローチ

$F'(\blacksquare)=f(\blacksquare)$ のとき，**合成関数の微分**により

$$\{F(g(x))\}'=f(g(x))g'(x)$$

となります．

積分は微分の逆だから

$$\int f(g(x))g'(x)\,dx=F(g(x))+C$$

（C：積分定数）

◀中身 $g(x)$ の微分がかけて あれば，外枠の f を積分し て F にする！

が成り立ちます．

また，特別な形として，$f(\blacksquare)=\dfrac{1}{\blacksquare}$ のときは

$$F(\blacksquare)=\log\big|\blacksquare\big|+C$$

なので

$$\int \frac{g'(x)}{g(x)}\,dx=\log\big|g(x)\big|+C$$

◀ 前問 **39** **補足** ③（ロ）参照．

（C：積分定数）

が成り立ちます．

解答

(1) $\displaystyle\int_{\frac{1}{2}}^{\frac{\sqrt{3}}{2}} \frac{x}{\sqrt{1-x^2}}\,dx=-\frac{1}{2}\int_{\frac{1}{2}}^{\frac{\sqrt{3}}{2}} \underset{-2x}{(1-x^2)^{-\frac{1}{2}}\underbrace{(1-x^2)'}}\,dx$

ツジツマ合わせ

◀ $\begin{cases} f(\blacksquare)=\blacksquare^{-\frac{1}{2}} \\ g(x)=1-x^2 \end{cases}$ と見て

$\begin{cases} F(\blacksquare)=2\blacksquare^{\frac{1}{2}} \\ g'(x)=-2x \end{cases}$

です．

$\displaystyle =-\frac{1}{2}\Big[2(1-x^2)^{\frac{1}{2}}\Big]_{\frac{1}{2}}^{\frac{\sqrt{3}}{2}}$

$\displaystyle =-\left(\frac{1}{4}\right)^{\frac{1}{2}}+\left(\frac{3}{4}\right)^{\frac{1}{2}}=\frac{-1+\sqrt{3}}{2}$

(2) $\displaystyle\int_0^{\frac{\pi}{6}} \sin^2 2x\cos 2x\,dx=\frac{1}{2}\int_0^{\frac{\pi}{6}} (\sin 2x)^2\underset{2\cos 2x}{\underbrace{(\sin 2x)'}}\,dx$

ツジツマ合わせ

◀ $\begin{cases} f(\blacksquare)=\blacksquare^2 \\ g(x)=\sin 2x \end{cases}$ と見て

$\begin{cases} F(\blacksquare)=\dfrac{1}{3}\blacksquare^3 \\ g'(x)=2\cos 2x \end{cases}$

です．

$\displaystyle =\frac{1}{2}\Big[\frac{1}{3}(\sin 2x)^3\Big]_0^{\frac{\pi}{6}}$

$\displaystyle =\frac{1}{6}\left(\frac{\sqrt{3}}{2}\right)^3=\frac{\sqrt{3}}{16}$

(3) $\displaystyle\int \frac{dx}{x(\log x)^2} = \int (\log x)^{-2}(\log x)' dx$

$\qquad\qquad\qquad = -(\log x)^{-1} + C$

$\qquad\qquad\qquad = -\dfrac{1}{\log x} + C \quad (C：積分定数)$

◀ $\begin{cases} f(\blacksquare) = \blacksquare^{-2} \\ g(x) = \log x \end{cases}$ と見て

$\quad\begin{cases} F(\blacksquare) = -\blacksquare^{-1} \\ g'(x) = \dfrac{1}{x} \end{cases}$

です.

(4) $\displaystyle\int_1^2 \frac{e^x + e^{-x}}{e^x - e^{-x}} dx = \int_1^2 \frac{(e^x - e^{-x})'}{e^x - e^{-x}} dx$

$\qquad\qquad\qquad = \Big[\log|e^x - e^{-x}| \Big]_1^2$

$\qquad\qquad\qquad = \log|e^2 - e^{-2}| - \log|e - e^{-1}|$

$\qquad\qquad\qquad = \log\left| \dfrac{e^2 - e^{-2}}{e - e^{-1}} \right|$

$\qquad\qquad\qquad = \log\left| \dfrac{e^4 - 1}{e(e^2 - 1)} \right|$

$\qquad\qquad\qquad = \log\left| \dfrac{(e^2 + 1)(e^2 - 1)}{e(e^2 - 1)} \right|$

$\qquad\qquad\qquad = \log\left(e + \dfrac{1}{e} \right)$

◀分数の積分は

$\qquad\dfrac{分母の微分}{分母}$

の形を疑いましょう.

(5) $\displaystyle\int \tan x\, dx = \int \frac{\sin x}{\cos x} dx$

$\qquad\qquad\qquad = -\int \frac{(\cos x)'}{\cos x} dx$

$\qquad\qquad\qquad = -\log|\cos x| + C \quad (C：積分定数)$

◀三角関数の積分は，三角関数の知識を用いて，いろいろな式変形が必要になります.（ 43 参照.)

補足 本問はすべて，うまく置換することで計算できますが，上記のようにできた方が速いです. そもそも，置換するときに「何を t と置換するか？」は，実は $f(g(x))g'(x)$ の $g(x)$ を t と置換することが多いのです. つまり，どっちにしろ $f(g(x))g'(x)$ の形を見抜かなければならないのです.

■ メインポイント ■

$$f(g(x))g'(x) \text{ を見抜け！}$$

41 部分積分

積の微分 $(fg)'=f'g+fg'$ の両辺を積分して

$$fg=\int f'g\,dx+\int fg'\,dx$$

$$\therefore \quad \int f'g\,dx=fg-\int fg'\,dx$$

◀見やすくするために，各関数の (x) は省略しました．

とできます．これを**部分積分**といいます．

要するに**積の微分の逆**なので，2種類の関数の積を積分したいときには，この方法を疑います．

例えば $\int x\cos x\,dx$ を上の公式通りに計算すると次のようになります．

$$\int \underset{\text{そのまま}}{\underline{x}}\,\overset{\text{積分}}{\underline{\cos x}}\,dx=\underset{\text{微分}}{\underline{x}}\,\overset{\text{そのまま}}{\underline{\sin x}}-\int \underline{1}\cdot\underline{\sin x}\,dx$$

$$=x\sin x+\cos x+C \quad (C：積分定数)$$

◀最初に x の方を積分すると次数が上がってしまい，より複雑なものが残ります．

まずは，この公式通りの計算をスムーズにできるように練習しましょう．

しかし，筆者はこの公式通りの計算ではなく，あくまでも**積分は微分の逆**であるということから，次のように計算しています．

まずは $\cos x$ を積分して

$$\int x\cos x\,dx=x\sin x$$

と書きます．

次に，$x\sin x$ を実際に微分します．

$$\int x\cos x\,dx=\underset{\text{ビブン}}{x\sin x}$$
$$x\cos x+1\cdot\sin x$$

◀積の微分．

すると，＋1・sin$x$がジャマなので

$$\int x\cos x\,dx = \underbrace{x\sin x}_{\text{ビブン}\downarrow} \quad \underbrace{}_{\text{ビブン}\downarrow}$$
$$x\cos x+1\cdot\sin x \qquad\qquad -\sin x$$

◀微分した結果が$x\cos x$だけになってほしいのです.

としたいのです.

じゃあ，微分した結果が $-\sin x$ になるものを，後ろにくっつけておけばイイので

$$\int x\cos x\,dx = \underbrace{x\sin x}_{\text{ビブン}\downarrow} \quad \underbrace{+\cos x}_{\text{ビブン}\downarrow} \ +C$$
$$x\cos x+1\cdot\sin x \qquad\qquad -\sin x$$

として終了です.

これで，**右辺を微分した結果が $x\cos x$ になっているので，確かに積分できた**ことになりますよね.

◀同時に検算もできているということです.

この方法なら，部分積分を何度も繰り返さなければいけないような計算でも，微分のメモを1行書くだけで終えられます.（積の微分に慣れたら，メモすら不要です.）

解答

(1)
$$\int_{-\pi}^{\pi} x\sin x\,dx = \left[\underbrace{-x\cos x}_{\downarrow} \quad \underbrace{+\sin x}_{\downarrow}\right]_{-\pi}^{\pi}$$
$$x\sin x-1\cdot\cos x \qquad +\cos x$$
$$= \pi-(-\pi)$$
$$= 2\pi$$

(2)
$$\int \log x\,dx = \int 1\cdot\log x\,dx$$
$$= \underbrace{x\log x}_{\downarrow} \quad \underbrace{-x}_{\downarrow}+C \quad (C：積分定数)$$
$$1\cdot\log x+x\cdot\frac{1}{x} \qquad -1$$

◀$\log x$に1がかけてあると思って部分積分！

(3) $\displaystyle\int x(\log x)^2\,dx$

$$=\underbrace{\frac{1}{2}x^2(\log x)^2}_{x(\log x)^2+\frac{1}{2}x^2\cdot 2\log x\cdot\frac{1}{x}} \quad\left|\quad \underbrace{-\frac{1}{2}x^2\log x}_{-x\log x-\frac{1}{2}x^2\cdot\frac{1}{x}}\quad\right|\quad \underbrace{+\frac{1}{4}x^2+C}_{+\frac{1}{2}x}\quad (C：積分定数)$$

(4) $\displaystyle\int x^2e^x\,dx=\underbrace{x^2e^x}_{x^2e^x+2xe^x}\quad\left|\quad\underbrace{-2xe^x}_{-2xe^x-2e^x}\quad\right|\quad\underbrace{+2e^x+C}_{+2e^x}$

$$=(x^2-2x+2)e^x+C \quad (C：積分定数)$$

(5) $\displaystyle I=\int_0^{2\pi n}e^{-x}\cos x\,dx$ とすると

$$I=\underbrace{\Big[-e^{-x}\cos x}_{e^{-x}\cos x+e^{-x}\sin x}\quad\left|\quad\underbrace{+e^{-x}\sin x\Big]_0^{2\pi n}}_{-e^{-x}\sin x+e^{-x}\cos x}\quad\right|\quad\underbrace{-\int_0^{2\pi n}e^{-x}\cos x\,dx}_{-e^{-x}\cos x}$$

$$=-e^{-2\pi n}+e^0-I$$

$$\therefore\quad I=\frac{1-e^{-2\pi n}}{2}$$

◀ $e^{\pm x}$ と sin, cos の積は部分積分を繰り返しても，いつまでも終わりません．そこで，このように方程式を解くようにして求めます．

別解

積の微分により

$$\begin{cases}(e^{-x}\cos x)'=-e^{-x}\cos x-e^{-x}\sin x & \cdots\cdots① \\ (e^{-x}\sin x)'=e^{-x}\cos x-e^{-x}\sin x & \cdots\cdots②\end{cases}$$

なので，②－① から

$$(e^{-x}\sin x-e^{-x}\cos x)'=2e^{-x}\cos x$$

$$\therefore\quad \left\{\frac{1}{2}e^{-x}(\sin x-\cos x)\right\}'=e^{-x}\cos x$$

◀ 微分したら $e^{-x}\cos x$ になるものを直接作ってあげたのです．

したがって

$$\int_0^{2\pi n}e^{-x}\cos x\,dx=\frac{1}{2}\Big[e^{-x}(\sin x-\cos x)\Big]_0^{2\pi n}$$

$$=\frac{1}{2}\{e^{-2\pi n}(-1)-e^0(-1)\}$$

$$=\frac{1}{2}(1-e^{-2\pi n})$$

(6) $(e^{x^2})'=e^{x^2}\cdot(x^2)'=2xe^{x^2}$ であることに注意して

$$\int x^3 e^{x^2}dx=\int \frac{1}{2}x^2\cdot 2xe^{x^2}dx$$

$$=\frac{1}{2}\int x^2(e^{x^2})'dx$$

◀部分積分と $f(g(x))g'(x)$
のコラボレーション！

$$=\frac{1}{2}(\underbrace{x^2 e^{x^2}}_{x^2(e^{x^2})'+2xe^{x^2}} \vdots \underbrace{-e^{x^2}}_{-2xe^{x^2}})+C$$

$$=\frac{1}{2}(x^2-1)e^{x^2}+C \quad (C：積分定数)$$

補足 公式 $\int f'g\,dx=fg-\int fg'\,dx$ の f' として選ぶ方(つまり，ひたすら積分していく方)を「積分側」，g として選ぶ方(ひたすら微分していく方)を「微分側」と呼ぶことにすると，原則として

log と多項式は「微分側」(ただし，log と一緒の多項式は「積分側」)
$e^{(1次式)}$ **と sin, cos は「どちらでもいい」**

と理解しておけばよいでしょう．

━━━ メインポイント ━━━

2種類の関数の積を積分するときは，部分積分を疑え！

42 絶対値の積分

アプローチ

絶対値を含む関数の積分は，**まず絶対値記号を外す**ことを考えます．

一般的に，$|f(x)|$ は

$f(x)\geqq0$ となる x において，$|f(x)|=f(x)$

$f(x)\leqq0$ となる x において，$|f(x)|=-f(x)$

と「場合分け」できます．

その際，グラフのイメージがあるとわかりやすいでしょう．

◀ 筆者は，ひとつの座標平面の中での「場所」を分けているから「場所分け」と呼んでいます．

解答

(1) $y=|\log x|$ のグラフは右図の太線部分である．したがって

$$\int_{\frac{1}{e}}^{e}|\log x|dx$$

$$=\int_{\frac{1}{e}}^{1}(-\log x)dx+\int_{1}^{e}\log x\,dx$$

$$=\Big[-x\log x+x\Big]_{\frac{1}{e}}^{1}+\Big[x\log x-x\Big]_{1}^{e}$$

$$=(-\log 1+1)-\Big(-\frac{1}{e}\log\frac{1}{e}+\frac{1}{e}\Big)$$
$$+(e\log e-e)-(\log 1-1)$$

$$=2-\frac{2}{e}$$

◀ この値は，上図の斜線部分の面積です．

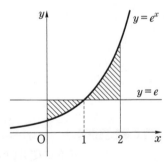

(2) $y=e^{x}$ と $y=e$ の上下は右図の通りなので

$$\int_{0}^{2}|e^{x}-e|dx$$

$$=\int_{0}^{1}(e-e^{x})dx+\int_{1}^{2}(e^{x}-e)dx$$

$$=\Big[ex-e^{x}\Big]_{0}^{1}+\Big[e^{x}-ex\Big]_{1}^{2}$$

$$=(e-e^{1})-(0-e^{0})+(e^{2}-2e)-(e^{1}-e)$$

$$=e^{2}-2e+1$$

(3) $y=\left|x^2-1\right|$ のグラフは右図の通りなので

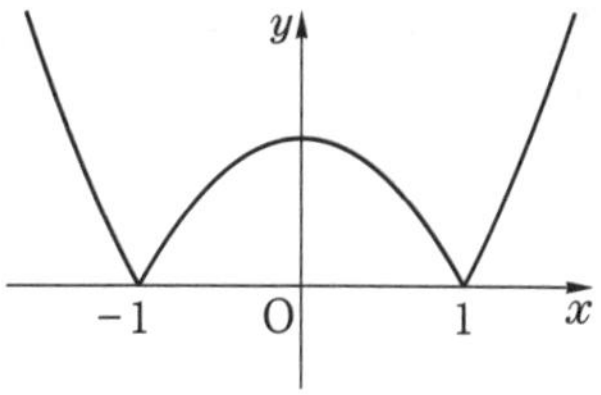

$$\int_{-1}^{3} x\sqrt{\left|x^2-1\right|}\,dx$$

$$=\int_{-1}^{1} x\sqrt{1-x^2}\,dx+\int_{1}^{3} x\sqrt{x^2-1}\,dx$$

ここで，$x\sqrt{1-x^2}$ は奇関数なので

$$\int_{-1}^{1} x\sqrt{1-x^2}\,dx=0$$

である．よって

$$\int_{-1}^{3} x\sqrt{\left|x^2-1\right|}\,dx$$

$$=\int_{1}^{3} x\sqrt{x^2-1}\,dx$$

$$=\frac{1}{2}\int_{1}^{3} (x^2-1)^{\frac{1}{2}}(x^2-1)'\,dx$$

$$=\frac{1}{2}\left[\frac{2}{3}(x^2-1)^{\frac{3}{2}}\right]_{1}^{3}$$

$$=\frac{1}{3}\cdot 8^{\frac{3}{2}}$$

$$=\frac{16\sqrt{2}}{3}$$

◀ $\begin{cases} f(\blacksquare)=\blacksquare^{\frac{1}{2}} \\ g(x)=x^2-1 \end{cases}$ と見て

$\begin{cases} F(\blacksquare)=\dfrac{2}{3}\blacksquare^{\frac{3}{2}} \\ g'(x)=2x \end{cases}$

です．

第5章

━ メインポイント ━

絶対値は「場所分け」！
そして，積分区間も一緒に「場所分け」！

43 三角関数の積分

アプローチ

三角関数を含む式の積分計算は，**三角関数の知識を使ってうまく式変形**することが必要な場合が多いので，加法定理からの式変形を自由にできるようにしておくことと同時に，「どのような形に持っていけば積分計算できるか」という予測能力が大切です．

解答

(1) $\displaystyle\int_0^\pi \sin^3 x\,dx = \int_0^\pi \sin^2 x\cdot\sin x\,dx$

$\displaystyle = \int_0^\pi (\cos^2 x-1)(\cos x)'\,dx$

$\displaystyle = \left[\frac{1}{3}\cos^3 x-\cos x\right]_0^\pi$

$\displaystyle = \frac{1}{3}\{(-1)^3-1^3\}-(-1)+1$

$\displaystyle = \frac{4}{3}$

sin, cos の奇数乗は，
◀ **1乗分離で**
$f(g(x))g'(x)$!

◀ $\begin{cases} f(\blacksquare)=\blacksquare^2-1 \\ g(x)=\cos x \end{cases}$ と見て
$\begin{cases} F(\blacksquare)=\dfrac{1}{3}\blacksquare^3-\blacksquare \\ g'(x)=-\sin x \end{cases}$
です．

注意! **3倍角の公式** $\sin 3\theta = -4\sin^3\theta+3\sin\theta$
を利用して
$$\int_0^\pi \sin^3 x\,dx = \int_0^\pi\left(-\frac{1}{4}\sin 3x+\frac{3}{4}\sin x\right)dx$$
とする方法もありますが，これだと5乗や7乗になったときに困ります．

(2) $\displaystyle\int\frac{\cos^3 x}{\sin^2 x}\,dx = \int\frac{\cos^2 x\cdot\cos x}{\sin^2 x}\,dx$

$\displaystyle = \int\frac{1-\sin^2 x}{\sin^2 x}\cdot(\sin x)'\,dx$

$\displaystyle = \int\{(\sin x)^{-2}-1\}\cdot(\sin x)'\,dx$

$\displaystyle = -(\sin x)^{-1}-\sin x+C$

$\displaystyle = -\frac{1}{\sin x}-\sin x+C$ （C：積分定数）

◀ $\begin{cases} f(\blacksquare)=\blacksquare^{-2}-1 \\ g(x)=\sin x \end{cases}$ と見て
$\begin{cases} F(\blacksquare)=-\blacksquare^{-1}-\blacksquare \\ g'(x)=\cos x \end{cases}$
です．

(3) $\displaystyle\int_{\frac{\pi}{4}}^{\frac{3\pi}{4}} \frac{1}{\sin x}dx = \int_{\frac{\pi}{4}}^{\frac{3\pi}{4}} \frac{\sin x}{\sin^2 x}dx$

◀ この第1手は，経験がない
と難しいでしょう．

$\displaystyle = \int_{\frac{\pi}{4}}^{\frac{3\pi}{4}} \frac{\sin x}{(1-\cos x)(1+\cos x)}dx$

$\displaystyle = \frac{1}{2}\int_{\frac{\pi}{4}}^{\frac{3\pi}{4}} \left(\frac{\sin x}{1-\cos x} + \frac{\sin x}{1+\cos x}\right)dx$

$\displaystyle = \frac{1}{2}\int_{\frac{\pi}{4}}^{\frac{3\pi}{4}} \left\{\frac{(1-\cos x)'}{1-\cos x} - \frac{(1+\cos x)'}{1+\cos x}\right\}dx$

◀ $\dfrac{g'(x)}{g(x)}$ です．

$\displaystyle = \frac{1}{2}\Big[\log|1-\cos x| - \log|1+\cos x|\Big]_{\frac{\pi}{4}}^{\frac{3\pi}{4}}$

$\displaystyle = \frac{1}{2}\left[\log\left|\frac{1-\cos x}{1+\cos x}\right|\right]_{\frac{\pi}{4}}^{\frac{3\pi}{4}}$

$\displaystyle = \frac{1}{2}\left(\log\left|\frac{1+\dfrac{1}{\sqrt{2}}}{1-\dfrac{1}{\sqrt{2}}}\right| - \log\left|\frac{1-\dfrac{1}{\sqrt{2}}}{1+\dfrac{1}{\sqrt{2}}}\right|\right)$

$\displaystyle = \frac{1}{2}\left(\log\left|\frac{\sqrt{2}+1}{\sqrt{2}-1}\right| - \log\left|\frac{\sqrt{2}-1}{\sqrt{2}+1}\right|\right)$

$\displaystyle = \frac{1}{2}\left(\log\left|\sqrt{2}+1\right|^2 + \log\left|\sqrt{2}+1\right|^2\right)$

$\displaystyle = 2\log(\sqrt{2}+1)$

(4) $\displaystyle\int_0^{\frac{3}{4}\pi}\sqrt{1-\cos 4x}\,dx$

2倍角の公式
◀ $\cos 2\theta=1-2\sin^2\theta$
から
$1-\cos 2\theta=2\sin^2\theta$
が成り立ちます.

$=\displaystyle\int_0^{\frac{3}{4}\pi}\sqrt{2\sin^2 2x}\,dx$

$=\sqrt{2}\displaystyle\int_0^{\frac{3}{4}\pi}|\sin 2x|\,dx$

◀一般に，実数Aに対して
$\sqrt{A^2}=|A|$
です.
そして，絶対値の積分は前
問 42 で確認しましたね.

$=\sqrt{2}\left(\displaystyle\int_0^{\frac{\pi}{2}}\sin 2x\,dx-\int_{\frac{\pi}{2}}^{\frac{3}{4}\pi}\sin 2x\,dx\right)$

$=\sqrt{2}\left(\left[-\dfrac{1}{2}\cos 2x\right]_0^{\frac{\pi}{2}}-\left[-\dfrac{1}{2}\cos 2x\right]_{\frac{\pi}{2}}^{\frac{3}{4}\pi}\right)$

$=\sqrt{2}\left\{\dfrac{1}{2}-\left(-\dfrac{1}{2}\right)-0+\dfrac{1}{2}\right\}$

$=\dfrac{3\sqrt{2}}{2}$

(5) $\displaystyle\int_0^{\frac{\pi}{6}}\sin 3x\sin 5x\,dx=\frac{1}{2}\int_0^{\frac{\pi}{6}}(\cos 2x-\cos 8x)\,dx$ ◀いわゆる**積和公式**です.

$=\dfrac{1}{2}\left[\dfrac{1}{2}\sin 2x-\dfrac{1}{8}\sin 8x\right]_0^{\frac{\pi}{6}}$

$=\dfrac{1}{2}\left\{\dfrac{\sqrt{3}}{4}-\left(-\dfrac{\sqrt{3}}{16}\right)\right\}$

$=\dfrac{5\sqrt{3}}{32}$

別解

$I=\displaystyle\int_0^{\frac{\pi}{6}}\sin 3x\sin 5x\,dx$ とすると，部分積分法により

$I=\left[-\dfrac{1}{3}\cos 3x\sin 5x+\dfrac{5}{9}\sin 3x\cos 5x\right]_0^{\frac{\pi}{6}}+\dfrac{25}{9}\displaystyle\int_0^{\frac{\pi}{6}}\sin 3x\sin 5x\,dx$

$=-\dfrac{1}{3}(0-0)+\dfrac{5}{9}\left(-\dfrac{\sqrt{3}}{2}-0\right)+\dfrac{25}{9}I$

$=-\dfrac{5\sqrt{3}}{18}+\dfrac{25}{9}I$

$\therefore\quad I=\dfrac{5\sqrt{3}}{32}$

◀ 41 (5)と同じ方法ですね.

補足 　三角関数の**加法定理**から**積和公式**がスムーズに作れるようにしておきましょう．まず，加法定理は絶対に覚えておく必要があります．

$$\sin(\alpha+\beta)=\sin\alpha\cos\beta+\cos\alpha\sin\beta \quad \cdots\cdots\text{①}$$
$$\sin(\alpha-\beta)=\sin\alpha\cos\beta-\cos\alpha\sin\beta \quad \cdots\cdots\text{②}$$
$$\cos(\alpha+\beta)=\cos\alpha\cos\beta-\sin\alpha\sin\beta \quad \cdots\cdots\text{③}$$
$$\cos(\alpha-\beta)=\cos\alpha\cos\beta+\sin\alpha\sin\beta \quad \cdots\cdots\text{④}$$

例えば，①＋② より

$$\sin(\alpha+\beta)+\sin(\alpha-\beta)=2\sin\alpha\cos\beta$$
$$\therefore \quad \sin\alpha\cos\beta=\frac{1}{2}\{\sin(\alpha+\beta)+\sin(\alpha-\beta)\}$$

となります．最初の組合せを変えることで，自分にとって必要なものが作れるようにしておきましょう．

本問(5)は $\sin 3x\sin 5x$ を式変形したいので，④－③ より

$$\cos(\alpha-\beta)-\cos(\alpha+\beta)=2\sin\alpha\sin\beta$$
$$\therefore \quad \sin\alpha\sin\beta=\frac{1}{2}\{\cos(\alpha-\beta)-\cos(\alpha+\beta)\}$$

としています．なお，| 解答 |では $\alpha-\beta$ が正になるように，$\alpha=5x$，$\beta=3x$ と考えています．（$\sin 3x\sin 5x=\sin 5x\sin 3x$ ですからね．）

■ **メインポイント** ■

　　三角関数の加法定理（と，そこから出てくる公式たち）を利用して
　　　積分できる形にうまく式変形！

積分の応用

44 積分方程式

積分で表された式を含んだ等式から，もとの関数の式を求めるときは次の2つの方針が基本です．

① **積分区間に変数がない**
  ──→ 定積分を文字定数でおく

◀定積分の計算結果は定数になります．

② **積分区間に変数がある**
  ──→ 微分積分の基本定理

◀定積分の計算結果は関数になります．

つまり，[A]は右辺の定積分を a などとおいて $f(x)$ を整理し，[B]は両辺を x で微分します．

------- 微分積分の基本定理 -------

$$\frac{d}{dx}\int_a^x f(t)dt = f(x) \quad (a\text{ は定数})$$

◀ $\dfrac{d}{dx}$ は「x で微分する」という意味の記号です．

証明 $F'(x)=f(x)$ とすると

$$\int_a^x f(t)dt = \Big[F(t)\Big]_a^x = F(x)-F(a)$$

$F(a)$ は定数だから，両辺を x で微分することで

$$\frac{d}{dx}\int_a^x f(t)dt = F'(x)-0 = f(x)$$

となる． （証明終了）

「積分してから微分すればもとに戻る」という，当たり前に感じる定理ですが，
◀この定理があるから「積分は微分の逆」として扱えるようになったのです．

解答

[A](1) $a = \displaystyle\int_0^\pi f(t)\sin t\,dt$ とおくと

$$f(x)=x^2+a$$

なので

◀複雑そうに見えた $f(x)$ が，実はただの2次関数であることがわかりました．

$$a = \int_0^\pi (t^2+a)\sin t\,dt$$

$$= \Big[-(t^2+a)\cos t + 2t\sin t + 2\cos t\Big]_0^\pi$$

◀部分積分．

$$= \pi^2 + 2a - 4$$

$$\therefore\quad a = 4-\pi^2,\quad f(x) = x^2+4-\pi^2$$

(2)　$b=\displaystyle\int_0^{\frac{\pi}{2}}f(t)\sin t\,dt$　とおくと

$$f(x)=x^2+b$$

なので

$$b=\int_0^{\frac{\pi}{2}}(t^2+b)\sin t\,dt$$

$$=\Bigl[-(t^2+b)\cos t+2t\sin t+2\cos t\Bigr]_0^{\frac{\pi}{2}}$$

$$=\pi+b-2$$

よって，$\pi=2$ となり矛盾するから，与式を満たす関数 $f(x)$ は存在しない.

◀与式を満たす $f(x)$ が存在すると思って，計算してみましょう.

[B]　与式から

$$f(x)=x^2+e^{-x}\int_0^x f'(t)e^t\,dt　\cdots\cdots①$$

とでき，両辺を x で微分すれば

$$f'(x)=2x-e^{-x}\int_0^x f'(t)e^t\,dt+e^{-x}f'(x)e^x$$

$$\therefore\quad e^{-x}\int_0^x f'(t)e^t\,dt=2x$$

よって，①から

$$f(x)=x^2+2x$$

参考　積分区間が x 以外の形で表される場合でも，**微分積分の基本定理**と同様に

$$\int_{g(x)}^{h(x)}f(t)\,dt=\Bigl[F(t)\Bigr]_{g(x)}^{h(x)}=F(h(x))-F(g(x))$$

となり，両辺を x で微分することで（右辺には**合成関数の微分**を適用）

$$\frac{d}{dx}\int_{g(x)}^{h(x)}f(t)\,dt=f(h(x))h'(x)-f(g(x))g'(x)$$

とできます.

┫**メインポイント**┣

積分が定数なら文字でおき，関数なら微分する！

44 ｜ 積分方程式　105

アプローチ

右図のような，$\alpha \leqq x \leqq \beta$，$g(x) \leqq y \leqq f(x)$ の領域の面積 S は

$$S = \int_\alpha^\beta \{f(x) - g(x)\}dx$$

で求められます．このとき，引く順番や積分区間を間違えると正しい値が求まらないので注意が必要です．

だから

$$S = \int_{左}^{右} (上-下)dx$$

と覚えておきましょう．

(3)で S_2 の右端の x 座標が求められないのですが，(2)でおいた α のまま進めてみましょう．

解答

(1) $S_1 = \displaystyle\int_0^{\frac{\pi}{2}} (k\sin 2x - 0)dx$

$\qquad = \left[-\dfrac{k}{2}\cos 2x \right]_0^{\frac{\pi}{2}}$

$\qquad = -\dfrac{k}{2}\{(-1)-1\} = \boldsymbol{k}$

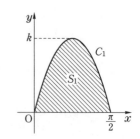

(2) $k\sin 2x = \sin x \ \left(0 < x \leqq \dfrac{\pi}{2} \right)$ とすると

$\qquad 2k\sin x\cos x = \sin x$

$\qquad \Longleftrightarrow 2k\cos x = 1 \quad (\because \ \sin x \neq 0)$

$\qquad \Longleftrightarrow \cos x = \dfrac{1}{2k} \quad \cdots\cdots (*)$

◀原点以外の交点を求めるので，$x \neq 0$ とします．

$(*)$ を満たす実数 $x \ \left(0 < x \leqq \dfrac{\pi}{2} \right)$ が存在する条件は

$$0 \leqq \frac{1}{2k} < 1$$

◀$\cos x \ \left(0 < x \leqq \dfrac{\pi}{2} \right)$ がとり得る値の範囲は
$\quad 0 \leqq \cos x < 1$
です．

であり，k は正なので
$$\frac{1}{2} < k$$
このとき $\cos\alpha = \dfrac{1}{2k}$ である．

(3) $S_2 = \displaystyle\int_0^\alpha (k\sin 2x - \sin x)\,dx$

$\qquad = \left[-\dfrac{k}{2}\cos 2x + \cos x\right]_0^\alpha$

$\qquad = -\dfrac{k}{2}(\cos 2\alpha - 1) + \cos\alpha - 1$

$\qquad = -\dfrac{k}{2}(2\cos^2\alpha - 2) + \cos\alpha - 1$

$\qquad = -k\cos^2\alpha + \cos\alpha + k - 1$

$\qquad = -k\left(\dfrac{1}{2k}\right)^2 + \dfrac{1}{2k} + k - 1$

$\qquad = \dfrac{1}{4k} + k - 1$

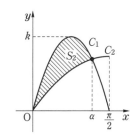

◀ α は具体的にはわからない
けど，$\cos\alpha$ は k で表して
あります．

なので，$S_1 = 3S_2$ となるとき
$$k = 3\left(\frac{1}{4k} + k - 1\right)$$
$$\iff 8k^2 - 12k + 3 = 0$$
$$\iff k = \frac{3 \pm \sqrt{3}}{4}$$
$\dfrac{1}{2} < k$ なので
$$k = \frac{3 + \sqrt{3}}{4}$$

■■ メインポイント ■■

求められない交点は，とりあえず文字でおく！

46 面積②

アプローチ

　前問 45 もそうであったように，グラフの概形がわかれば面積計算の立式ができるわけですが，実はグラフの**概形を正確に描く必要はありません**．大切なのは**グラフの上下**です．

　(2)で $y=f(x)$ のグラフを描くことは，練習にはよいのですが，この問題を解くにあたって必要な作業ではありません．直線 $y=x$ と $y=f(x)$ のグラフの上下さえわかれば積分計算に持ち込めるので

$$g(x)=x-f(x) \quad \text{または} \quad g(x)=f(x)-x$$

とおいて，この $g(x)$ の符号を調べます．

解答

(1)　$f(x)=\log(x+\sqrt{x^2+1})$ から

$$
\begin{aligned}
f'(x)&=\frac{1}{x+\sqrt{x^2+1}}(x+\sqrt{x^2+1})' \\
&=\frac{1}{x+\sqrt{x^2+1}}\left(1+\frac{2x}{2\sqrt{x^2+1}}\right) \\
&=\frac{1}{x+\sqrt{x^2+1}}\cdot\frac{\sqrt{x^2+1}+x}{\sqrt{x^2+1}} \\
&=\frac{1}{\sqrt{x^2+1}}
\end{aligned}
$$

◀合成関数の微分.

(2)　$g(x)=x-f(x)$ とすると

$$g'(x)=1-f'(x)=1-\frac{1}{\sqrt{x^2+1}}\geqq 0$$

　よって，$g(x)$ は単調増加で，$g(0)=0$ なので，$0\leqq x$ において $g(x)\geqq 0$ であること，つまり $x\geqq f(x)$ であることがわかる．

　したがって，求める面積 S は

$$S=\int_0^{\frac{3}{4}}\{x-f(x)\}dx$$

◀

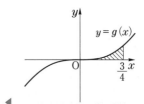

結局のところ，上の斜線部分の面積を求めることと同じです．

108

$$= \left[\frac{1}{2}x^2 \right]_0^{\frac{3}{4}} - \int_0^{\frac{3}{4}} \log(x + \sqrt{x^2+1})\, dx$$

◀ log は部分積分することが多いです.

$$= \frac{9}{32} - \left\{ \left[x\log(x + \sqrt{x^2+1}) \right]_0^{\frac{3}{4}} - \int_0^{\frac{3}{4}} \frac{x}{\sqrt{x^2+1}}\, dx \right\}$$

$$= \frac{9}{32} - \frac{3}{4}\log 2 + \frac{1}{2}\int_0^{\frac{3}{4}} (x^2+1)^{-\frac{1}{2}}(x^2+1)'\, dx$$

◀ $f(g(x))g'(x)$ の形になっています.

$$= \frac{9}{32} - \frac{3}{4}\log 2 + \frac{1}{2}\left[2(x^2+1)^{\frac{1}{2}} \right]_0^{\frac{3}{4}}$$

$$= \frac{9}{32} - \frac{3}{4}\log 2 + \frac{5}{4} - 1$$

$$= \boldsymbol{\frac{17}{32} - \frac{3}{4}\log 2}$$

補足 $y = f(x)$ の概形は右図のようになります. (1)の結果から, $f'(0)=1$ なので, 直線 $y=x$ と $y=f(x)$ のグラフは原点において接しています.

したがって, (2)で求める面積は右図の斜線部分の面積です. これは, 直角二等辺三角形 OAB の面積から, $y=f(x)$ の下側の部分の面積を引いて求めることもできます.

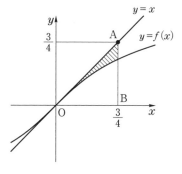

▪▪▪▪ **メインポイント** ▪▪▪▪

面積を求めるときは, 正確な概形よりもグラフの上下が大切!

47 面積③

アプローチ

(1)で求める，曲線と異なる2点で接する直線のことを**二重接線**または**複接線**といいます．4次関数の二重接線を求めるときは，微分を使うよりも，方程式の理論に持ち込んだ方がラクです．

4次関数 $y=f(x)=ax^4+\cdots$ のグラフと直線 $y=px+q$ が異なる2点で接するとき，その接点の x 座標を α，β とおくと

$f(x)=px+q$ が2つの重解 α，β をもつ

ということから

$$f(x)-(px+q)=a(x-\alpha)^2(x-\beta)^2$$

と書けることになります．さらに，この式は

$$f(x)=a(x-\alpha)^2(x-\beta)^2+(px+q)$$
$$=a\{x^2-(\alpha+\beta)x+\alpha\beta\}^2+(px+q)$$

とできるので，結局のところ，$f(x)$ の式を

$$f(x)=a(2次式)^2+(1次式)$$

とできたら，後ろの1次式が二重接線の式になっているということです．

厳密には，（2次式）$=0$ としたときに，異なる2つの実数解をもつことも必要です．
例えば
$$y=(x^2+1)^2+x+2$$
◀ は，実数 α，β が存在しないのでダメです．

解答

(1) 関数 $f(x)$ の式から
$$f(x)=x^4-2x^2+x$$
$$=x^4-2x^2+1+x-1$$
$$=(x^2-1)^2+x-1$$
$$=\{(x+1)(x-1)\}^2+x-1$$
$$=(x+1)^2(x-1)^2+x-1$$
$$\therefore\ f(x)-(x-1)=(x+1)^2(x-1)^2$$

とできるので，曲線 $y=f(x)$ と直線 $y=x-1$ は $x=-1$，1 の2点で接する．

つまり，求める直線の方程式は
$$y=x-1$$

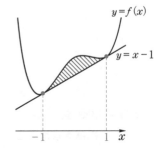

(2) 求める面積は

$$\int_{-1}^{1} \{f(x) - (x-1)\} dx$$

$$= \int_{-1}^{1} (x+1)^2 (x-1)^2 dx$$

$$= \left[\frac{1}{3}(x+1)^3(x-1)^2 - \frac{1}{6}(x+1)^4(x-1) \right.$$
$$\left. + \frac{1}{30}(x+1)^5 \right]_{-1}^{1}$$

◀ 因数分解できているので，部分積分で計算します。

◀ 数値を代入したときに，ほとんどの項が 0 になるからラクですね。

$$= \frac{1}{30} \cdot 2^5$$

$$= \frac{16}{15}$$

補足 (1)の式変形がうまくできなかったら

$$x^4 - 2x^2 + x = (x-\alpha)^2(x-\beta)^2 + (px+q)$$

とおいて，右辺を展開すれば

$$\{x^2 - (\alpha+\beta)x + \alpha\beta\}^2 + px + q$$
$$= x^4 - 2(\alpha+\beta)x^3 + \{(\alpha+\beta)^2 + 2\alpha\beta\}x^2 + \{-2\alpha\beta(\alpha+\beta) + p\}x + (\alpha^2\beta^2 + q)$$

となるので，x^3, x^2 の係数に注目して

$$\alpha+\beta=0 \ \ \text{かつ} \ \ (\alpha+\beta)^2 + 2\alpha\beta = -2$$

$$\therefore \ \ \alpha+\beta=0, \ \alpha\beta=-1$$

さらに，x の係数と定数項に注目して

$$-2\alpha\beta(\alpha+\beta) + p = 1 \ \ \text{かつ} \ \ \alpha^2\beta^2 + q = 0$$

$$\therefore \ \ p=1, \ q=-1$$

したがって

$$x^4 - 2x^2 + x = (x^2-1)^2 + (x-1)$$

とできることがわかります。

■■■ **メインポイント** ■■■

多項式の関数で囲まれる面積は，因数分解して部分積分！

48 面積④

アプローチ

　本問は「パラメータで表された曲線の囲む面積」です．この手の問題であっても，面積 S を求める基本は

$$S=\int_{左}^{右}(上-下)\,dx$$

です．ただし，この(上−下)の部分を x の式で表せないので，**パラメータ θ についての積分**に書き換えましょう．

◀ dx は $\dfrac{dx}{d\theta}d\theta$ に書き換えることができましたね．

　ちなみに，本問の曲線 C は**カージオイド**と呼ばれています．

解答

(1) 動径 OA が x 軸の正の部分から角 θ だけ回転した位置にあるとき，右図のようになる．
　　$P_0(1,\ 0)$ とし，2円の接点をTとすれば

$$\overset{\frown}{TP}=\overset{\frown}{TP_0}$$

であり，2円の半径が等しく 1 だから

$$\angle TAP=\angle TOP_0=\theta$$

よって

$$\begin{aligned}
\overrightarrow{OP}&=\overrightarrow{OA}+\overrightarrow{AP}\\
&=2\binom{\cos\theta}{\sin\theta}+\binom{\cos(\pi+2\theta)}{\sin(\pi+2\theta)}\\
&=2\binom{\cos\theta}{\sin\theta}+\binom{-\cos 2\theta}{-\sin 2\theta}
\end{aligned}$$

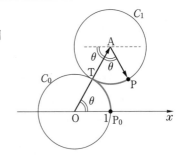

◀円周上の点を中心からさすベクトルは，三角関数の定義に基づいて表すことができます．

$$\therefore\quad\begin{cases}x(\theta)=2\cos\theta-\cos 2\theta\\ y(\theta)=2\sin\theta-\sin 2\theta\end{cases}$$

(2) $x(\theta)=2\cos\theta-\cos 2\theta$ から

$$\begin{aligned}
\frac{d}{d\theta}x(\theta)&=-2\sin\theta+2\sin 2\theta\\
&=4\sin\theta\left(\cos\theta-\frac{1}{2}\right)
\end{aligned}$$

よって，増減は次の通り．

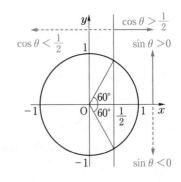

112

θ	0	$\cdots$	$\dfrac{\pi}{3}$	$\cdots$	π	$\cdots$	$\dfrac{5}{3}\pi$	$\cdots$	2π
$\dfrac{d}{d\theta}x(\theta)$	0	$+$	0	$-$	0	$+$	0	$-$	0
$x(\theta)$	1	$\nearrow$	$\dfrac{3}{2}$	$\searrow$	-3	$\nearrow$	$\dfrac{3}{2}$	$\searrow$	1

(3) $\quad x(2\pi-\theta)=2\cos(2\pi-\theta)-\cos(4\pi-2\theta)$
$\qquad\qquad\quad =2\cos\theta-\cos2\theta$
$\qquad\qquad\quad =x(\theta)$
$\qquad y(2\pi-\theta)=2\sin(2\pi-\theta)-\sin(4\pi-2\theta)$
$\qquad\qquad\quad =-2\sin\theta+\sin2\theta$
$\qquad\qquad\quad =-y(\theta)$

から，曲線 C は x 軸対称である．

$$\dfrac{d}{d\theta}y(\theta)=2\cos\theta-2\cos2\theta$$
$$\qquad\qquad =2(-2\cos^2\theta+\cos\theta+1)$$
$$\qquad\qquad =2(1-\cos\theta)(1+2\cos\theta)$$

なので，$0\leqq\theta\leqq\pi$ における $y(\theta)$ は

$0\leqq\theta\leqq\dfrac{2}{3}\pi$ のとき増加

$\dfrac{2}{3}\pi\leqq\theta\leqq\pi$ のとき減少

となる．

$$x\left(\dfrac{2}{3}\pi\right)=-\dfrac{1}{2},\ \ y\left(\dfrac{2}{3}\pi\right)=\dfrac{3\sqrt{3}}{2}$$

に注意して，曲線 C の概形は右の通りである．

◀題意から，こうであろうことを想像していないと，調べようとは思わないですね．

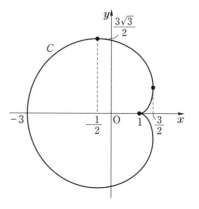

ここで，下図のように $0\leqq\theta\leqq\dfrac{\pi}{3}$ の部分と，$\dfrac{\pi}{3}\leqq\theta\leqq\pi$ の部分に分けて，曲線 C 上の点をそれぞれ $(x_1,\ y_1)$, $(x_2,\ y_2)$ とする．

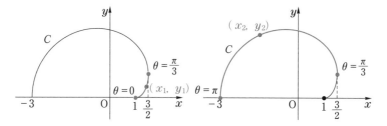

求める面積 S に対して，x 軸の上側の部分の面積

は $\dfrac{S}{2}$ だから

$$\frac{S}{2}=\int_{-3}^{\frac{3}{2}}y_2\,dx_2-\int_{1}^{\frac{3}{2}}y_1\,dx_1$$

$$=\int_{\pi}^{\frac{\pi}{3}}y(\theta)\frac{dx_2}{d\theta}d\theta-\int_{0}^{\frac{\pi}{3}}y(\theta)\frac{dx_1}{d\theta}d\theta$$

$$=\int_{\pi}^{\frac{\pi}{3}}y(\theta)\frac{dx}{d\theta}d\theta+\int_{\frac{\pi}{3}}^{0}y(\theta)\frac{dx}{d\theta}d\theta$$

$$=\int_{\pi}^{0}y(\theta)\frac{dx}{d\theta}d\theta$$

$$=\int_{\pi}^{0}(2\sin\theta-\sin2\theta)(-2\sin\theta+2\sin2\theta)\,d\theta$$

$$=\int_{\pi}^{0}(-4\sin^2\theta+6\sin\theta\sin2\theta-2\sin^22\theta)\,d\theta$$

$$=\int_{\pi}^{0}\left\{-4\cdot\frac{1-\cos2\theta}{2}+3(\cos\theta-\cos3\theta)-2\cdot\frac{1-\cos4\theta}{2}\right\}d\theta$$

$$=\left[-3\theta+3\sin\theta+\sin2\theta-\sin3\theta+\frac{1}{4}\sin4\theta\right]_{\pi}^{0}$$

$$=3\pi$$

∴　$S=6\pi$

右側の注記：

y_2 の積分だけだと，図の右下にある，えぐれている部分を余計に足していることになります．

x_1，x_2 のどちらであっても $\dfrac{dx}{d\theta}$ は (2) で求めた式です．

結局，積分区間が 1 つにつながります．

参考　点 F を極とする極方程式 $r=f(\theta)$ で表される曲線において，$\theta=\theta_1$ の点を A，$\theta=\theta_2$ の点を B とするとき，曲線 $r=f(\theta)$ と線分 FA，FB によって囲まれる部分の面積は

$$\int_{\theta_1}^{\theta_2}\frac{1}{2}r^2d\theta$$

で求められます．

　これは，微小角 $d\theta$ を中心角とする扇形の面積による区分求積法になっています．

　これを利用すると，本問の面積 S は次の
別解 のように求めることもできます．

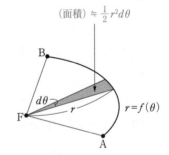

この部分を扇形に近似して

（面積）$\fallingdotseq\dfrac{1}{2}r^2d\theta$

別解

$$x(\theta)=1+(2-2\cos\theta)\cos\theta$$

$$y(\theta)=(2-2\cos\theta)\sin\theta$$

とできるから，点 $F(1, 0)$ を極，x 軸正方向を始線とする C の極方程式は

$$r=2-2\cos\theta$$

である.

曲線 C が x 軸対称であることに注意して

$$\frac{S}{2}=\int_0^\pi \frac{1}{2}r^2 d\theta$$

$$=\int_0^\pi \frac{1}{2}(2-2\cos\theta)^2 d\theta$$

$$=2\int_0^\pi (1-2\cos\theta+\cos^2\theta)d\theta$$

$$=2\int_0^\pi \left(1-2\cos\theta+\frac{1+\cos 2\theta}{2}\right)d\theta$$

$$=2\left[\frac{3}{2}\theta-2\sin\theta+\frac{1}{4}\sin 2\theta\right]_0^\pi$$

$$=3\pi$$

$$\therefore\quad S=6\pi$$

━━ **メインポイント** ━━

パラメータで表された曲線の囲む面積は
図形の対称性に注意して立式し，パラメータについての積分に式変形！

49 面積⑤

アプローチ

本問の $f(x)$ のように，ある関数 $g(x)$ と $\sin x$ の積 $g(x)\sin x$ のグラフは，$y=g(x)$ と $y=-g(x)$ の間にサインカーブを描く振動曲線となります．

本問の場合は，$y=e^{-x}$ と $y=-e^{-x}$ の間にサインカーブを描き，下図のようになります．（斜線部分の面積が題意の面積 S_n です．）

この曲線は**減衰曲線**または**減衰振動曲線**と呼ばれています．

◀ $y=e^{-x}$ との接点と，極大値をとる点は少しズレています．

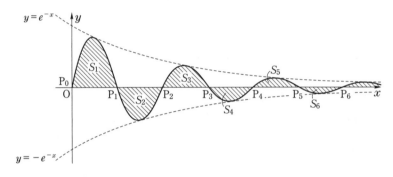

さて，この面積 S_n を求めたいのですが，それには数列 $\{S_n\}$ において

① 　**一般項を直接求める**　（——→ 解答）
② 　**漸化式を求める**　　　（——→ 別解）

という 2 つの方針が考えられます．

解答

(1)　$x \geqq 0$ において，$f(x)=0$ とすると

$$e^{-x}\sin x=0$$
$$\therefore \quad \sin x=0 \quad (\because \quad e^{-x}>0)$$

$$\therefore \quad x=0, \ \pi, \ 2\pi, \ 3\pi, \ \cdots$$

よって，点 P_n の x 座標は $n\pi$ である．

(2) 面積 S_n は

$$S_n = \int_{(n-1)\pi}^{n\pi} \left| e^{-x}\sin x \right| dx$$

と表せる．ここで，$e^{-x} > 0$ と

(偶数)$\pi \leqq x \leqq$(奇数)π ならば $\sin x \geqq 0$
(奇数)$\pi \leqq x \leqq$(偶数)π ならば $\sin x \leqq 0$

であることに注意して

$$S_n = \int_{(n-1)\pi}^{n\pi} e^{-x} \cdot (-1)^{n+1}\sin x\, dx \qquad \blacktriangleleft \begin{array}{l} n\text{ が奇数ならば} \\ (-1)^{n+1} = 1 \end{array}$$

$$= (-1)^{n+1}\int_{(n-1)\pi}^{n\pi} e^{-x}\sin x\, dx \qquad \begin{array}{l} n\text{ が偶数ならば} \\ (-1)^{n+1} = -1 \end{array}$$

$$= (-1)^{n+1}\left[-\frac{1}{2}e^{-x}(\sin x + \cos x) \right]_{(n-1)\pi}^{n\pi} \qquad \blacktriangleleft \boxed{41}\,(5)\text{参照．}$$

$$= (-1)^{n+1}\left\{ -\frac{1}{2}(e^{-n\pi}\cos n\pi - e^{-(n-1)\pi}\cos(n-1)\pi) \right\}$$

$$= (-1)^{n}\cdot\frac{1}{2}e^{-n\pi}\{(-1)^{n} - e^{\pi}\cdot(-1)^{n-1}\}$$

$$= \frac{1}{2}e^{-n\pi}\{(-1)^{2n} + e^{\pi}\cdot(-1)^{2n}\} \qquad \blacktriangleleft (-1)^{2n} = 1 \text{ です．}$$

$$= \frac{1}{2}e^{-n\pi}(1 + e^{\pi})$$

(3) (2)の結果は，さらに

$$S_n = \frac{1+e^{\pi}}{2}(e^{-\pi})^n$$

とできるので，数列 $\{S_n\}$ は初項 $\dfrac{1+e^{\pi}}{2e^{\pi}}$，公比 $e^{-\pi}$

の等比数列である．よって

$$I_n = \sum_{k=1}^{n} S_k$$

$$= \frac{1+e^{\pi}}{2e^{\pi}}\cdot\frac{\{1-(e^{-\pi})^n\}}{1-e^{-\pi}}$$

$$= \frac{(1+e^{\pi})(1-e^{-n\pi})}{2(e^{\pi}-1)}$$

であり，$\displaystyle\lim_{n\to\infty} e^{-n\pi} = \lim_{n\to\infty}(e^{-\pi})^n = 0$ だから $\qquad \blacktriangleleft e^{-\pi} = \dfrac{1}{e^{\pi}}$ は

$$\lim_{n\to\infty} I_n = \frac{1+e^{\pi}}{2(e^{\pi}-1)} \qquad\qquad\qquad 0 < \frac{1}{e^{\pi}} < 1$$

を満たします．

(2) 面積 S_n は

$$S_n = \int_{(n-1)\pi}^{n\pi} \left| e^{-x}\sin x \right| dx$$

と表せる.

グラフの平行移動を考えて

$$S_{n+1} = \int_{n\pi}^{(n+1)\pi} \left| e^{-x}\sin x \right| dx$$

$$= \int_{(n-1)\pi}^{n\pi} \left| e^{-(x+\pi)}\sin(x+\pi) \right| dx$$

◀ **37** **別解** 参照.

$$= e^{-\pi}\int_{(n-1)\pi}^{n\pi} \left| e^{-x}\sin x \right| dx$$

◀ $\sin(x+\pi)=-\sin x$
が成り立つので
$\left| \sin(x+\pi) \right| = \left| \sin x \right|$
です.

$$= e^{-\pi}S_n$$

となるから，数列 $\{S_n\}$ は公比 $e^{-\pi}$ の等比数列であり

$$S_1 = \int_0^{\pi} e^{-x}\sin x\,dx$$

$$= \left[-\frac{1}{2}e^{-x}(\sin x+\cos x) \right]_0^{\pi}$$

◀ **41** (5)参照.

$$= -\frac{1}{2}\{e^{-\pi}\cdot(-1)-e^0\cdot 1\}$$

$$= \frac{e^{-\pi}+1}{2}$$

$$= \frac{1+e^{\pi}}{2e^{\pi}}$$

なので

$$S_n = \frac{1+e^{\pi}}{2e^{\pi}}\cdot(e^{-\pi})^{n-1} = \frac{1}{2}e^{-n\pi}(1+e^{\pi})$$

メインポイント

減衰曲線の面積は，等比数列になることを示す！

50 区分求積法

$y=f(x)$ のグラフに対して，区間 $0 \leqq x \leqq 1$ を n 等分して，図のように長方形を並べた図形を考えます．（各長方形の右上の頂点が，$y=f(x)$ のグラフ上にあるように並べています．）

n の値を 2, 3, … と増やしていくにつれて，**長方形の面積の合計と，グラフと x 軸の間の部分の面積の誤差が小さくなっていく**様子がイメージできますね．

k 番目の長方形の面積が $\dfrac{1}{n}f\left(\dfrac{k}{n}\right)$ なので

$$(n \text{ 個の長方形の面積の合計}) = \sum_{k=1}^{n} \frac{1}{n}f\left(\frac{k}{n}\right)$$

となり，n を ∞ にトバせば誤差を無視できて

$$\lim_{n \to \infty} \sum_{k=1}^{n} \frac{1}{n}f\left(\frac{k}{n}\right) = \int_0^1 f(x)\,dx$$

が成り立ちます．これを**区分求積法**といいます．

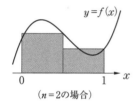
（$n=2$ の場合）

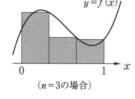
（$n=3$ の場合）

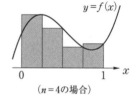
（$n=4$ の場合）

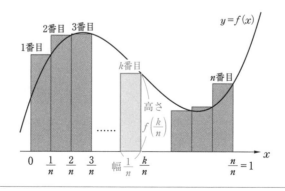

第6章

解答

(1) 題意から

$$S(n,\ 3n) = \int_n^{3n} \frac{1}{x} dx$$

$$= \Big[\log x\Big]_n^{3n}$$

$$= \log 3n - \log n$$

$$= \boldsymbol{\log 3}$$

となり，確かに n によらない．

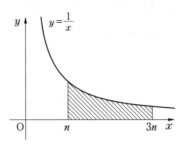

(2) (1)と同様に

$$S(n,\ n+\sqrt{n}) = \log(n+\sqrt{n}) - \log n$$

$$= \log\left(1 + \frac{1}{\sqrt{n}}\right)$$

とできるので

$$\lim_{n\to\infty} S(n,\ n+\sqrt{n}) = \lim_{n\to\infty} \log\left(1 + \frac{1}{\sqrt{n}}\right)$$

$$= \log 1$$

$$= 0$$

(3) (1)，(2)と同様に

$$S(n,\ n+k) = \log(n+k) - \log n$$

$$= \log\left(1 + \frac{k}{n}\right)$$

とできるので，区分求積法により

$$\lim_{n\to\infty} \frac{1}{n} \sum_{k=1}^{2n} S(n,\ n+k)$$

$$= \lim_{n\to\infty} \frac{1}{n} \sum_{k=1}^{2n} \log\left(1 + \frac{k}{n}\right)$$

$$= \int_0^2 \log(1+x)\,dx$$

◀ **補足** 参照.

$$= \int_1^3 \log x\,dx$$

◀ 積分計算がラクになるよう
に平行移動しました．

$$= \Big[x\log x - x\Big]_1^3$$

$$= \boldsymbol{3\log 3 - 2}$$

120

補足 区分求積法の意味を理解することなく，公式の暗記だと思っている人には

$$\lim_{n \to \infty} \frac{1}{n} \sum_{k=1}^{2n} \log\left(1 + \frac{k}{n}\right) = \int_0^2 \log(1+x)\,dx$$

が不思議な魔法か何かに見えるかもしれません．

　区分求積法の基本は「0 から 1 までの区間を n 等分して並べた長方形の足し合わせ」です．だから

n 個の長方形の面積の和 ⟶ 0 から 1 までの積分

$2n$ 個の長方形の面積の和 ⟶ 0 から 2 までの積分

となります．

　ちなみに，[解答]では「0 から 2 までの積分」を立式してから「1 から 3 までの積分」に平行移動しましたが，区分求積法の意味を正しく理解していれば，最初から「1 から 3 までの積分」を立式することもできます．

　$\sum$ の中の $\frac{k}{n}$ を x と見る（この場合は 0 から 1 を n 等分する）のが習慣ですが，本問の $1 + \frac{k}{n}$ を x と見て（この場合は 1 から 2 を n 等分する）も構いません．

　つまり $y = \log(1+x)$ のグラフで考えようが，$y = \log x$ のグラフで考えようが，面積は変わらないということです．

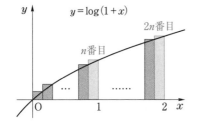
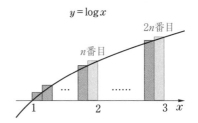

　ついでに言っておくと，1 つ 1 つの長方形の面積は 0 に近づくので，長方形が 1 個や 2 個多かったり少なかったりしても，影響はありません．つまり

$$\lim_{n \to \infty} \sum_{k=1}^{n-1} \frac{1}{n} f\left(\frac{k}{n}\right) = \lim_{n \to \infty} \sum_{k=0}^{n+1} \frac{1}{n} f\left(\frac{k}{n}\right) = \int_0^1 f(x)\,dx$$

が成り立ちます．

■ メインポイント ■

区分求積法は公式ではなく，システムの理解が大切！

51 足せない Σ と不等式

アプローチ

関数 $f(x)$ が単調に増加（または減少）し，かつ，

$\sum_{k=1}^{n} f(k)$ が計算できない場合，**幅 1 の長方形を並べ** ◀ 解答 の図を参照.

て面積の総和を考えることで，$\int_{1}^{n} f(x)\,dx$ **と比較し**

た不等式を作ります.

本問は，直接は Σ が見えませんが，(2)で示す不等
式の各辺の自然対数をとると

$$\log\{(n-1)!\} \leqq \log(n^n e^{-n+1}) \leqq \log(n!)$$

となり，例えば最右辺は

$$\log(n!) = \log 1 + \log 2 + \cdots + \log n$$

◀ $\log 1 = 0$ なので，$\log 1$ は
あってもなくてもイイ.

$$= \sum_{k=1}^{n} \log k$$

という，計算できない Σ が出てきます.

解答

(1) 部分積分法により

$$\int_{1}^{n} \log x\,dx = \Big[x \log x - x\Big]_{1}^{n}$$
$$= n \log n - n + 1$$

すべての長方形は幅が 1 な
ので，下図(左)においては
各長方形の左上の頂点の y
座標が，下図(右)において

(2) $\log x$ は単調増加だから，下図のように，長方形 ◀ は右上の頂点の y 座標が，
の面積の総和と $y = \log x$，x 軸，$x = n$ で囲む面 それぞれの面積と一致しま
積を比べて す.

$$\log 2 + \log 3 + \cdots + \log(n-1) \leqq \int_{1}^{n} \log x\,dx \leqq \log 2 + \log 3 + \cdots + \log n$$

が成り立つ.

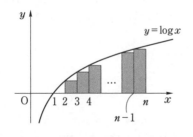
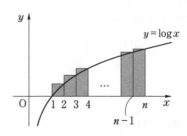

よって，対数の性質と(1)の結果から

$$\log\{(n-1)!\} \le n\log n - n + 1 \le \log(n!) \quad \cdots\cdots(*)$$

$$\therefore \quad \log\{(n-1)!\} \le \log(n^n e^{-n+1}) \le \log(n!)$$

とでき，$\log x$ は単調増加だから

$$(n-1)! \le n^n e^{-n+1} \le n!$$

が成り立つ.

(3) (2)の式($*$)から

$$n\log n - n + 1 \le \log(n!) \le (n+1)\log n - n + 1 \quad \blacktriangleleft \boxed{補足}参照.$$

$$\therefore \quad \frac{n\log n - n + 1}{n\log n} \le \frac{\log(n!)}{n\log n} \le \frac{(n+1)\log n - n + 1}{n\log n}$$

とできる. ここで

$$\lim_{n\to\infty} \frac{n\log n - n + 1}{n\log n} = \lim_{n\to\infty}\left(1 - \frac{1}{\log n} + \frac{1}{n\log n}\right) = 1$$

$$\lim_{n\to\infty} \frac{(n+1)\log n - n + 1}{n\log n} = \lim_{n\to\infty}\left(1 + \frac{1}{n} - \frac{1}{\log n} + \frac{1}{n\log n}\right) = 1$$

であるから，はさみうちの原理により

$$\lim_{n\to\infty} \frac{\log(n!)}{n\log n} = 1$$

$\boxed{補足}$ 不等式($*$)の

$$\log\{(n-1)!\} \le n\log n - n + 1$$

の部分に，$\log n$ を足して

$$\log n + \log\{(n-1)!\} \le \log n + n\log n - n + 1$$

$$\therefore \quad \log(n!) \le (n+1)\log n - n + 1$$

としています.

■■メインポイント■■

足せない Σ は，長方形を並べて面積の比較！

52 計算できない定積分と不等式

アプローチ

不等式と一緒の定積分は計算できないことが圧倒的に多いです．じゃあ，どうするのかというと

$$g_1(x) \leqq f(x) \leqq g_2(x)$$

を示して，辺々を同じ区間で積分することで

$$\int_\alpha^\beta g_1(x)\,dx < \int_\alpha^\beta f(x)\,dx < \int_\alpha^\beta g_2(x)\,dx$$

とできます．（右図において，各グラフと x 軸との間の**面積を比較した不等式**です．）これが，示すべき不等式になるような関数 $g_1(x)$，$g_2(x)$ を見つけてあげればよいのです．

本問は，(2)で $g_1(x)$，$g_2(x)$ を言ってくれているようなものです．

◀計算できないから，不等式で挟んでいるのです．

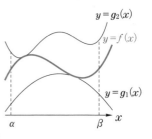

解答

(1) $f(x)=x-\sin x \left(0 \leqq x \leqq \dfrac{\pi}{2}\right)$ とすると

$$f'(x)=1-\cos x \geqq 0$$

なので，$f(x)$ は単調増加である．

よって，$0 \leqq x \leqq \dfrac{\pi}{2}$ において

$$f(x) \geqq f(0)=0 \qquad \therefore \quad x \geqq \sin x$$

◀不等式の証明は，差の関数の最小値が 0 以上であることを示すのが基本です．（**32** 参照.）

(2) $g(x)=\sin x-\dfrac{2}{\pi}x \left(0 \leqq x \leqq \dfrac{\pi}{2}\right)$ とすると

$$g'(x)=\cos x-\dfrac{2}{\pi}$$

ここで，$g'(x)=0$ となる x を α として，増減は次の通り．

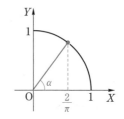

x	0	$\cdots$	α	$\cdots$	$\dfrac{\pi}{2}$
$g'(x)$		$+$	0	$-$	
$g(x)$	0	$\nearrow$		$\searrow$	0

よって，$0 \leqq x \leqq \dfrac{\pi}{2}$ において

$$g(x) \geqq 0 \quad \therefore \quad \sin x \geqq \frac{2}{\pi}x$$

(1)の結果とあわせて

$$\frac{2}{\pi}x \leqq \sin x \leqq x$$

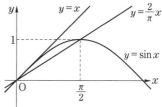

◀下図から成り立つといっても OK.

$$\therefore \quad -x \leqq -\sin x \leqq -\frac{2}{\pi}x$$

e^x は単調増加だから

$$e^{-x} \leqq e^{-\sin x} \leqq e^{-\frac{2}{\pi}x}$$

が成り立つ.

(3) (2)の結果から

$$\int_0^{\frac{\pi}{2}} e^{-x}dx < \int_0^{\frac{\pi}{2}} e^{-\sin x}dx < \int_0^{\frac{\pi}{2}} e^{-\frac{2}{\pi}x}\,dx$$

が成り立つ.

◀一般的には等号が外れます.

ここで

$$\int_0^{\frac{\pi}{2}} e^{-x}dx = \left[-e^{-x}\right]_0^{\frac{\pi}{2}}$$

$$= 1 - \frac{1}{e^{\frac{\pi}{2}}} > 1 - \frac{1}{e} \quad \left(\because \quad \frac{\pi}{2} > 1\right)$$

◀より狭い範囲の不等式を作れていたということです.

$$\int_0^{\frac{\pi}{2}} e^{-\frac{2}{\pi}x}dx = \left[-\frac{\pi}{2}e^{-\frac{2}{\pi}x}\right]_0^{\frac{\pi}{2}} = \frac{\pi}{2}\left(1 - \frac{1}{e}\right)$$

であるから

$$1 - \frac{1}{e} < \int_0^{\frac{\pi}{2}} e^{-\sin x}dx < \frac{\pi}{2}\left(1 - \frac{1}{e}\right)$$

が成り立つ.

第6章

▪◣ **メインポイント** ◢▪

計算できない定積分は，面積比較の不等式！

53 積分漸化式①

アプローチ

数列の一般項が，定積分の形で表されている場合，多くの場合がその定積分を計算できません．

そこで**漸化式を作り，その数列の様子を調べること**になります．

では，どうやって漸化式を作るのかというと，例外はありますが**ほとんどの場合は部分積分**です．

◀例外は，54 を参照.

解答

(1) $a_0 = \dfrac{1}{0!}\displaystyle\int_0^1 e^{1-x}dx = \Big[-e^{1-x}\Big]_0^1 = e-1$

$a_1 = \dfrac{1}{1!}\displaystyle\int_0^1 xe^{1-x}dx = \Big[-xe^{1-x}-e^{1-x}\Big]_0^1 = e-2$

$a_2 = \dfrac{1}{2!}\displaystyle\int_0^1 x^2 e^{1-x}dx$

$\quad = \dfrac{1}{2}\Big[-x^2 e^{1-x}-2xe^{1-x}-2e^{1-x}\Big]_0^1 = e-\dfrac{5}{2}$

◀$n=2$ くらいは，実際に計算することができます．

(2) $0 \leqq x \leqq 1$ において，$0 \leqq x^n \leqq 1$ が成り立ち，$e^{1-x} > 0$ なので

$\qquad 0 \leqq x^n e^{1-x} \leqq e^{1-x}$

となる．したがって

$\qquad 0 \leqq \displaystyle\int_0^1 x^n e^{1-x}dx \leqq \int_0^1 e^{1-x}dx = a_0 = e-1$

が成り立つので，辺々を $n!$ で割って

$\qquad 0 \leqq a_n \leqq \dfrac{e-1}{n!}$

◀前問 52 と同様の問題ですが，自分で不等式を作ってから積分します．
この場合，積分区間に注目して不等式を作ります．

(3) $n \geqq 1$ のとき，部分積分法により

$\qquad a_n = \dfrac{1}{n!}\displaystyle\int_0^1 x^n e^{1-x}dx$

$\qquad\quad = \dfrac{1}{n!}\Big\{\Big[x^n \cdot(-e^{1-x})\Big]_0^1 - \displaystyle\int_0^1 nx^{n-1}\cdot(-e^{1-x})dx\Big\}$

$\qquad\quad = \dfrac{1}{n!}\Big(-1 + n\displaystyle\int_0^1 x^{n-1}e^{1-x}dx\Big)$

$$= -\frac{1}{n!} + \frac{1}{(n-1)!} \int_0^1 x^{n-1} e^{1-x} dx$$

$$= -\frac{1}{n!} + a_{n-1}$$

$$\therefore \quad a_n = a_{n-1} - \frac{1}{n!}$$

(4) (3)の結果から，数列 $\{a_n\}$ の階差数列が

$$\left\{ -\frac{1}{(n+1)!} \right\} \text{ なので}$$

$$a_n = a_0 + \sum_{k=0}^{n-1} \left\{ -\frac{1}{(k+1)!} \right\} \ (n \geqq 1)$$

$$= e - 1 - \sum_{k=0}^{n-1} \frac{1}{(k+1)!}$$

$$= e - \sum_{k=0}^{n} \frac{1}{k!} \quad (n=0 \text{ のときも成立})$$

$$\therefore \quad \sum_{k=0}^{n} \frac{1}{k!} = e - a_n$$

(2)の結果と $\displaystyle\lim_{n \to \infty} \frac{e-1}{n!} = 0$ から，はさみうちの原

理により $\displaystyle\lim_{n \to \infty} a_n = 0$ なので

$$\lim_{n \to \infty} \sum_{k=0}^{n} \frac{1}{k!} = \lim_{n \to \infty} (e - a_n) = e$$

である．

◀ (3)の結果は

$$a_{n+1} - a_n = -\frac{1}{(n+1)!}$$

に直せます．

◀ 数列 $\{a_n\}$ は $n=0$ から並んでいます．

◀ $1 + \sum_{k=0}^{n-1} \frac{1}{(k+1)!}$

$$= \frac{1}{0!} + \frac{1}{1!} + \frac{1}{2!} + \cdots + \frac{1}{n!}$$

$$= \sum_{k=0}^{n} \frac{1}{k!}$$

補足 a_n を挟む不等式は次のようにしても作れます．

$0 \leqq x \leqq 1$ から $1 \leqq e^{1-x} \leqq e$ が成り立つので，辺々に x^n をかけて

$$x^n \leqq x^n e^{1-x} \leqq e x^n \qquad \therefore \quad \int_0^1 x^n dx \leqq \int_0^1 x^n e^{1-x} dx \leqq \int_0^1 e x^n dx$$

最左辺と最右辺の定積分を計算して

$$\frac{1}{n+1} \leqq \int_0^1 x^n e^{1-x} dx \leqq \frac{e}{n+1} \qquad \therefore \quad \frac{1}{(n+1)!} \leqq a_n \leqq \frac{e}{(n+1)!}$$

(2)で示した不等式よりも，こちらの方が狭い範囲の不等式を作れています．

第6章

▮ **メインポイント** ▮

積分漸化式のほとんどは部分積分！

54 積分漸化式②

アプローチ

前問 **53** で解説した通り，積分漸化式の問題のほとんどは部分積分法を用いて漸化式を作ります.

が，三角関数を含む積分の場合は，**三角関数のさまざまな定理を利用して漸化式を作る**ことがあります.
この場合，問題に誘導がつくことが多いので，全てのパターンを暗記しようとするのではなく，**三角関数の式変形を自由に行える力をつける**ことが大切です.

◀三角関数は，定義と加法定理の活用が大切です.

解答

(1) $n=1$ のとき

$$I_1 = \int_0^{\frac{\pi}{4}} \tan\theta \, d\theta$$

$$= -\int_0^{\frac{\pi}{4}} \frac{(\cos\theta)'}{\cos\theta} d\theta$$

◀$\int \dfrac{g'}{g} dx$ の形です.

$$= -\left[\log|\cos\theta|\right]_0^{\frac{\pi}{4}} = \frac{1}{2}\log 2$$

また

$$I_n + I_{n+2} = \int_0^{\frac{\pi}{4}} \tan^n\theta \, d\theta + \int_0^{\frac{\pi}{4}} \tan^{n+2}\theta \, d\theta$$

$$= \int_0^{\frac{\pi}{4}} \tan^n\theta(1+\tan^2\theta) \, d\theta$$

$$= \int_0^{\frac{\pi}{4}} \tan^n\theta \cdot \frac{1}{\cos^2\theta} d\theta$$

$$= \int_0^{\frac{\pi}{4}} \tan^n\theta(\tan\theta)' \, d\theta$$

◀$\int f(g)g' dx$ の形です.

$$= \left[\frac{1}{n+1}\tan^{n+1}\theta\right]_0^{\frac{\pi}{4}}$$

$$= \frac{1}{n+1}$$

(2)　$0 \leqq \theta \leqq \dfrac{\pi}{4}$ において，$0 \leqq \tan\theta \leqq 1$ なので

$$\tan^{n+1}\theta \leqq \tan^n\theta$$

が成り立つ．よって

◀0以上1以下の数は，かければかけるだけ小さくなります．

$$\int_0^{\frac{\pi}{4}} \tan^{n+1}\theta\,d\theta \leqq \int_0^{\frac{\pi}{4}} \tan^n\theta\,d\theta$$

$$\therefore \quad I_{n+1} \leqq I_n$$

(3)　(2)の結果から，数列 $\{I_n\}$ は減少列なので

$$I_{n+2} \leqq I_n \leqq I_{n-2}$$

が成り立つ．辺々に I_n を加えて

$$I_n + I_{n+2} \leqq 2I_n \leqq I_{n-2} + I_n$$

◀(1)の結果を利用したいので，$I_n + I_{n+2}$ を作りました．

さらに，(1)の結果から

$$\frac{1}{n+1} \leqq 2I_n \leqq \frac{1}{n-1}$$

$$\therefore \quad \frac{1}{2} \cdot \frac{n}{n+1} \leqq nI_n \leqq \frac{1}{2} \cdot \frac{n}{n-1}$$

ここで

$$\lim_{n\to\infty} \frac{1}{2} \cdot \frac{n}{n+1} = \frac{1}{2}, \quad \lim_{n\to\infty} \frac{1}{2} \cdot \frac{n}{n-1} = \frac{1}{2}$$

であるから，はさみうちの原理により

$$\lim_{n\to\infty} nI_n = \frac{1}{2}$$

第6章

■・┣ メインポイント ┫・■

三角関数を含む積分漸化式は，三角関数の公式・定理を利用することもある！

55 体積①

アプローチ

立体を平面 $x=t$ で切ったときの断面積を $S(t)$ として, この立体の $\alpha \le x \le \beta$ の部分の体積 V は

$$V = \int_\alpha^\beta S(t)\,dt$$

で求められます.

これは, 断面積 $S(t)$, 高さ(微小幅)dt の柱状体の体積を α から β まで足し合わせることを意味しています.

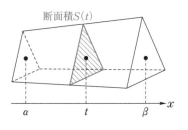

断面積$S(t)$

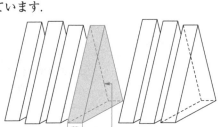

▶ 1枚のハムをすごく低い「柱」と見て, そのハムを集めたら肉の塊になるイメージ.

高さdt　断面積$S(t)$

解答

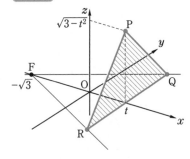

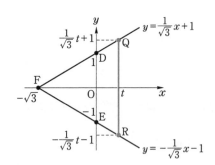

(1)　直線 FD の方程式は $y=\dfrac{1}{\sqrt{3}}x+1$ なので, 点 Q

の座標は $\left(t,\ \dfrac{1}{\sqrt{3}}t+1,\ 0\right)$ となる.

同様に, 点 R の座標は $\left(t,\ -\dfrac{1}{\sqrt{3}}t-1,\ 0\right)$ となるから

$$QR = \left(\frac{1}{\sqrt{3}}t+1\right) - \left(-\frac{1}{\sqrt{3}}t-1\right)$$

$$= 2\left(\frac{1}{\sqrt{3}}t+1\right)$$

◀ 図から，Q と R が x 軸に
関して対称なので，QR の
長さは Q の y 座標の 2 倍.

よって，△PQR の面積 $S(t)$ は

$$S(t) = \frac{1}{2} \cdot 2\left(\frac{1}{\sqrt{3}}t+1\right)\sqrt{3-t^2}$$

$$= \frac{1}{\sqrt{3}}(t+\sqrt{3})\sqrt{3-t^2}$$

(2) (1)の結果から

$$V = \int_0^{\sqrt{3}} S(t)\,dt$$

◀ 断面積がわかれば，あとは
積分するだけです.

$$= \int_0^{\sqrt{3}} \left(\frac{1}{\sqrt{3}}t\sqrt{3-t^2} + \sqrt{3-t^2}\right)dt$$

$$= -\frac{1}{2\sqrt{3}}\int_0^{\sqrt{3}}(3-t^2)^{\frac{1}{2}}(3-t^2)'\,dt$$

$$+ \int_0^{\sqrt{3}}\sqrt{3-t^2}\,dt$$

◀ 前半の積分は $\int f(g)g'\,dx$
の形，後半は，半径 $\sqrt{3}$

$$= -\frac{1}{2\sqrt{3}}\left[\frac{2}{3}(3-t^2)^{\frac{3}{2}}\right]_0^{\sqrt{3}} + \frac{1}{4}\cdot\pi(\sqrt{3})^2$$

の円の面積の $\dfrac{1}{4}$ 倍です.

$$= 1 + \frac{3}{4}\pi$$

■ メインポイント ■

体積は，断面積 $S(t)$ の積分！

56 体積②

　回転体の場合，断面は必ず円になります．し
たがって，$x=t$ で切ったときの半径を t で表
すことができれば，断面積は円の面積として求
められます．

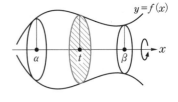

　右図の場合は，半径が $f(t)$ なので，断面積
は

$$\pi\{f(t)\}^2$$

となります．

　ただし，本問は中をくり抜いた立体になるので注意
しましょう．

解答

　$y=\sqrt{4x-3}$ と $y=x+k$ のグラフを考え
る．

　$y=x+k$ が点 $\left(\dfrac{3}{4},\ 0\right)$ を通るとき

$$0=\frac{3}{4}+k \quad \therefore \quad k=-\frac{3}{4}$$

　また，$y=\sqrt{4x-3}$ を微分すると

$$y'=\frac{4}{2\sqrt{4x-3}}=\frac{2}{\sqrt{4x-3}}$$

となるから

$$\frac{2}{\sqrt{4x-3}}=1$$

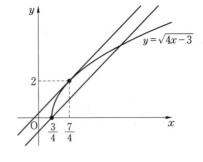

とすると

$$4x-3=4 \quad \therefore \quad x=\frac{7}{4}$$

◀接線の傾きが1になる点を
　探します．

　よって，$y=x+k$ が $y=\sqrt{4x-3}$ に接するときの

接点の x 座標が $\dfrac{7}{4}$ であり，接点の y 座標は

$$y=\sqrt{4x-3}=\sqrt{4\cdot\frac{7}{4}-3}=2$$

である．

したがって，$y=x+k$ が点 $\left(\dfrac{7}{4},\ 2\right)$ を通るとき

$$2=\dfrac{7}{4}+k \qquad \therefore \quad k=\dfrac{1}{4}$$

ゆえに，方程式 $\sqrt{4x-3}=x+k$ の異なる実数解の
個数が 2 個となる k の値の範囲は

◀つまり，交点が 2 個になる
ときです．

$$-\dfrac{3}{4}\leqq k<\dfrac{1}{4}$$

であり，1 個となる k の値の範囲は

◀つまり，交点が 1 個になる
ときです．

$$k<-\dfrac{3}{4} \quad \text{または} \quad k=\dfrac{1}{4}$$

である．

$y=\sqrt{4x-3}$ と $y=x$ から y を消去すると

$$\sqrt{4x-3}=x$$
$$\Longleftrightarrow 4x-3=x^2 \quad \text{かつ} \quad x\geqq 0$$
$$\Longleftrightarrow (x-1)(x-3)=0 \quad \text{かつ} \quad x\geqq 0$$
$$\Longleftrightarrow x=1,\ 3$$

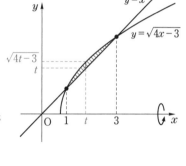

したがって，$x=t\ (1\leqq t\leqq 3)$ で切ったとき
の断面積は

$$\pi(\sqrt{4t-3})^2-\pi t^2=\pi(4t-3-t^2)$$
$$=-\pi(t-1)(t-3)$$

となるので，求める体積は

$$\int_1^3 \{-\pi(t-1)(t-3)\}dt$$
$$=-\pi\cdot\left\{-\dfrac{1}{6}(3-1)^3\right\}$$
$$=\dfrac{4}{3}\pi$$

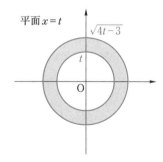

平面 $x=t$

第6章

━■ メインポイント ■━

回転体の場合は，断面が「円」！

57 体積③

アプローチ

55, 56 もそうですが，体積を求めるときに，できる**立体の概形がわかる必要はありません**．あくまでも**必要なのは断面積**です．

さらにいうと，回転体の場合，回転させてから切って断面を考えるのではなく，**まず切ってから回転**させることで断面を考えます．

解答

(1) 題意の断面は，右図の線分 PQ を x 軸のまわりに1回転してできる図形である．

$x^2+(y-1)^2=1$ において，$x=t$ のとき
$$t^2+(y-1)^2=1$$
$$\Longleftrightarrow (y-1)^2=1-t^2$$
$$\Longleftrightarrow y-1=\pm\sqrt{1-t^2}$$
$$\Longleftrightarrow y=1\pm\sqrt{1-t^2}$$

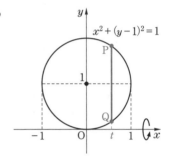

よって，求める断面積 $S(t)$ は

$$S(t)=\pi(1+\sqrt{1-t^2}\,)^2-\pi(1-\sqrt{1-t^2}\,)^2$$
$$=4\pi\sqrt{1-t^2}$$

(2) 題意の立体は $x=0$ に関して対称だから，求める体積を V とすると

$$\frac{V}{2}=\int_0^1 S(t)\,dt$$
$$=4\pi\int_0^1\sqrt{1-t^2}\,dt$$
$$=4\pi\cdot\frac{\pi}{4}$$
$$=\pi^2$$

$$\therefore\quad V=2\pi^2$$

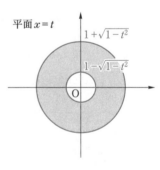

◀ $\int_0^1\sqrt{1-t^2}\,dt$ は半径1の円の面積の $\dfrac{1}{4}$ 倍.

メインポイント

回してから切るのではなく，切ってから回す！

134

58 体積④

アプローチ

　y 軸のまわりに回転させる場合であっても，考え方は変わりません．つまり，$y=t$ で切ったときの断面積を求めて，それを積分することで体積を求めます．

　ただし，本問において，$y=e$ の上側の部分は円錐になるので，積分で求める必要はありません．

解答

(1) $y=e^{2x}$ を微分すると $y'=2e^{2x}$ なので，点 $P(p,\ e^{2p})$ における接線の方程式は

$$y=2e^{2p}(x-p)+e^{2p}$$

これが原点を通るとき

$$-2pe^{2p}+e^{2p}=0 \qquad \therefore\quad p=\frac{1}{2}$$

したがって

$$l_1 : y=2ex,\quad P\left(\frac{1}{2},\ e\right)$$

◀ 接点がわからないので，接点の x 座標を文字でおきましょう．

(2) 点 P における接線 l_1 の傾きが $2e$ なので，法線 l_2 の傾きは $-\dfrac{1}{2e}$ である．よって，l_2 の方程式は

$$y=-\frac{1}{2e}\left(x-\frac{1}{2}\right)+e$$

$$\therefore\quad l_2 : y=-\frac{1}{2e}x+\frac{1}{4e}+e$$

これと y 軸の交点 Q は

$$Q\left(0,\ \frac{1}{4e}+e\right)$$

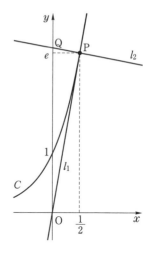

(3) 題意の立体は，図 2（次ページ）の斜線部分を y 軸のまわりに 1 回転したものである．

　$y=e$ の上側の部分は，底面の半径が $\dfrac{1}{2}$，高さが $\left(\dfrac{1}{4e}+e\right)-e=\dfrac{1}{4e}$ の円錐（図 1）になるので，

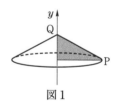

図 1

その体積は
$$\frac{1}{3}\cdot\pi\left(\frac{1}{2}\right)^2\cdot\frac{1}{4e}=\frac{\pi}{48e}$$
である．

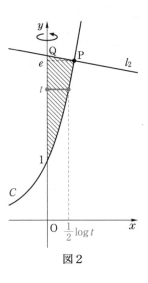

図2

$y=t$（$1\leqq t\leqq e$）で切ったときの切り口は，図2の青線を半径とする円である．

$C:y=e^{2x}$ に $y=t$ を代入すると

$$t=e^{2x}\iff\log t=2x$$
$$\iff x=\frac{1}{2}\log t$$

よって，断面積は

$$\pi\left(\frac{1}{2}\log t\right)^2=\frac{\pi}{4}(\log t)^2$$

と表せるから，$y=e$ の下側の部分の体積は

$$\int_1^e\frac{\pi}{4}(\log t)^2dt$$
$$=\frac{\pi}{4}\Bigl[t(\log t)^2-2t\log t+2t\Bigr]_1^e$$

◀部分積分．

$$=\frac{\pi}{4}\{(e-2e+2e)-(0-0+2)\}$$
$$=\frac{\pi}{4}(e-2)$$

したがって，求める体積は

$$\frac{\pi}{48e}+\frac{\pi}{4}(e-2)=\frac{\pi}{4}\left(e-2+\frac{1}{12e}\right)$$

補足 実は，断面の円の半径 $\frac{1}{2}\log t$ を求めずに，体積を計算することもできます．本問は

$$t=e^{2x}\iff x=\frac{1}{2}\log t$$

の式変形が簡単に行えるから上記のような解答にしましたが，この式変形が難しい（または不可能な）場合には違う計算方法をとることになります．

その方法は次の 59 で解説します．

■ メインポイント ■

y 軸回転であっても，やることは同じ！

59 体積⑤

アプローチ

前問 **58** と同様にして体積を求めることもできますが，本問では別の計算方法を紹介します．

それは，t についての積分計算ではなく，x についての積分計算に持ち込む方法です．

解答

右図のように，放物線 $y=(x-1)(x-3)$ 上の $y=t$ $(-1 \leqq t \leqq 0)$ に対応する点の x 座標を x_1, x_2 $(x_1 \leqq x_2)$ とする．

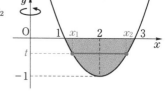

$$t=(x-1)(x-3) \qquad \therefore \quad \frac{dt}{dx}=2x-4$$

なので，求める体積 V は

$$V=\int_{-1}^{0}(\pi x_2{}^2-\pi x_1{}^2)dt$$

$$=\pi\left\{\int_{-1}^{0}x_2{}^2dt-\int_{-1}^{0}x_1{}^2dt\right\}$$

$$=\pi\left\{\int_{2}^{3}x_2{}^2\frac{dt}{dx_2}dx_2-\int_{2}^{1}x_1{}^2\frac{dt}{dx_1}dx_1\right\}$$

◀ t についての積分から，x についての積分に直します．

$$=\pi\left\{\int_{2}^{3}x^2(2x-4)dx+\int_{1}^{2}x^2(2x-4)dx\right\}$$

$$=\pi\int_{1}^{3}x^2(2x-4)dx$$

◀積分区間がひとつに繋がります．

$$=\pi\left[\frac{1}{2}x^4-\frac{4}{3}x^3\right]_{1}^{3}$$

$$=\pi\left(\frac{81}{2}-36-\frac{1}{2}+\frac{4}{3}\right)$$

$$=\frac{16}{3}\pi$$

補足 この方法なら，$y=t$ のときの x の値(円の半径)を求められない場合であっても，体積を求めることができます．（例えば，$y=\sin x$ など．）

メインポイント

t の積分でなく，x の積分にしてもイイ！

第6章

60 体積⑥

アプローチ

本問は $y=x$ を軸とする「斜軸回転」です．今まで学習してきた通り，**軸に垂直な平面で切ったときの断面積**を知りたいので，直線 $y=x$ 上に $OH=t$ となる点Hをとり，その点Hを通って $y=x$ に垂直な平面で切ることになります．

斜軸回転であっても，**断面は円なので，半径がわかれば断面積を求められます．**

また，別解では複素数平面を利用しています．

つまり，図の PH を t で表すのが目標です．
が，しかし…．(いちばん下の注釈を参照.)

解答

$y=x^2-x$ 上の点Pを $P(x,\ x^2-x)$ とし，P から直線 $y=x$ に垂線 PH を下ろし，$OH=t$ とする．また，$y=x$ 上に点 $Q(x,\ x)$ をとる．

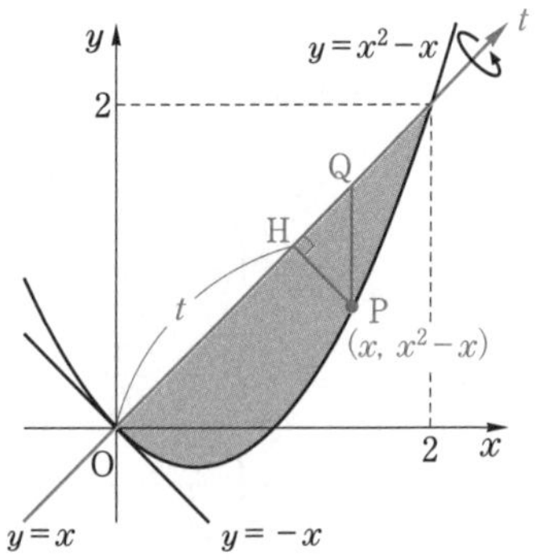

△PQH は直角二等辺三角形なので

$$PH=\frac{1}{\sqrt{2}}PQ=\frac{1}{\sqrt{2}}(2x-x^2)$$

$$t=OH=OQ-QH=OQ-PH$$

$$=\sqrt{2}\,x-\frac{1}{\sqrt{2}}(2x-x^2)=\frac{1}{\sqrt{2}}x^2$$

$$\therefore\ \ \frac{dt}{dx}=\sqrt{2}\,x$$

$y=x^2-x$ を微分すると $y'=2x-1$ なので，原点における接線の傾きは -1 である．よって，求める体積は

上図のように，t 軸に対して点Pが左下に動くことがないのがわかります．

$$\int_0^{2\sqrt{2}}\pi PH^2dt=\pi\int_0^2\frac{1}{2}(2x-x^2)^2\frac{dt}{dx}dx$$

$$=\pi\int_0^2\frac{1}{2}(2x-x^2)^2\cdot\sqrt{2}\,x\,dx$$

$$=\frac{\sqrt{2}}{2}\pi\int_0^2(x^5-4x^4+4x^3)dx$$

$$=\frac{\sqrt{2}}{2}\pi\left[\frac{1}{6}x^6-\frac{4}{5}x^5+x^4\right]_0^2$$

$$=\frac{\sqrt{2}}{2}\pi\cdot2^4\left(\frac{2}{3}-\frac{8}{5}+1\right)=\frac{8\sqrt{2}}{15}\pi$$

PH を t で表すのでなく，t と x の関係を作ったことで，x についての積分に持ち込みました．
もちろん，t についての積分に持ち込んでも OK．

放物線 $y=x^2-x$ 上の点 $(x,\ y)$ を，原点のまわり

に $-\dfrac{\pi}{4}$ 回転した点を $(X,\ Y)$ とすると，複素数平

面上で考えて

◀ **第8章** を読んでから戻って
きてもいいですよ.

$$X+Yi=(x+yi)\left\{\cos\left(-\frac{\pi}{4}\right)+i\sin\left(-\frac{\pi}{4}\right)\right\}$$

$$=\frac{x+y}{\sqrt{2}}+\frac{-x+y}{\sqrt{2}}i$$

$$=\frac{x^2}{\sqrt{2}}+\frac{x^2-2x}{\sqrt{2}}i\quad(\because\quad y=x^2-x)$$

$$\therefore\quad X=\frac{x^2}{\sqrt{2}},\ \ Y=\frac{x^2-2x}{\sqrt{2}}$$

このとき

$$\frac{dX}{dx}=\sqrt{2}\,x\geqq0$$

より，X は単調増加であるから，求める体積は

$$\int_0^{2\sqrt{2}}\pi Y^2 dX=\pi\int_0^2\left(\frac{x^2-2x}{\sqrt{2}}\right)^2\frac{dX}{dx}dx$$

◀ XY 平面において，X 軸
回転の体積を求めます.

$$=\frac{\sqrt{2}}{2}\pi\int_0^2(x^5-4x^4+4x^3)dx$$

$$=\frac{\sqrt{2}}{2}\pi\left[\frac{1}{6}x^6-\frac{4}{5}x^5+x^4\right]_0^2=\frac{8\sqrt{2}}{15}\pi$$

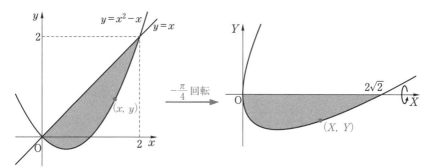

メインポイント

斜軸回転は，斜軸を t 軸と考える！

曲線の長さLは

① x, y がパラメータ t で表されている場合

$$L=\int_{t_1}^{t_2}\sqrt{\left(\frac{dx}{dt}\right)^2+\left(\frac{dy}{dt}\right)^2}\,dt$$

② y がxの式で表されている場合

$$L=\int_{x_1}^{x_2}\sqrt{1+\left(\frac{dy}{dx}\right)^2}\,dx$$

で求められます.

これらは,右図の青い直角三角形の斜辺の長さ

$$\sqrt{(dx)^2+(dy)^2}$$

から,dtをくくり出して足し合わせたものが①で,dxをくくり出して足し合わせたものが②というイメージの式になっています.(本問は与えられているので,積分計算の練習問題になってしまいますが,上の公式は覚えておきましょう.)

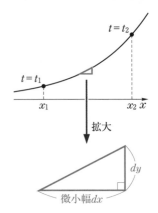

拡大

dy

微小幅dx

解答

(1) $x=\cos^3 t$, $y=\sin^3 t$ $\left(0\leqq t\leqq\dfrac{\pi}{2}\right)$ から

$$\frac{dx}{dt}=-3\cos^2 t\sin t,\quad \frac{dy}{dt}=3\sin^2 t\cos t$$

なので

$$\sqrt{\left(\frac{dx}{dt}\right)^2+\left(\frac{dy}{dt}\right)^2}$$
$$=\sqrt{9\sin^2 t\cos^2 t(\cos^2 t+\sin^2 t)}$$
$$=3\sin t\cos t$$
$$=\frac{3}{2}\sin 2t$$

したがって

$$L=\int_0^a\frac{3}{2}\sin 2t\,dt$$
$$=\left[-\frac{3}{4}\cos 2t\right]_0^a=\frac{3}{4}(1-\cos 2a)$$

◀このあと積分計算することを考えて,積分計算しやすい形を探します.

$$\int_0^a 3\sin t\cos t\,dt$$
$$=\left[\frac{3}{2}\sin^2 t\right]_0^a$$
$$=\frac{3}{2}\sin^2 a$$

◀としても OK.

(2) (1)の計算から

$$\frac{dy}{dx}=\frac{3\sin^2 t\cos t}{-3\cos^2 t\sin t}=-\tan t$$

なので，$t=a$ の点 $\mathrm{P}(\cos^3 a,\ \sin^3 a)$ における接線
l の方程式は

$$y=-\tan a(x-\cos^3 a)+\sin^3 a$$
$$\therefore\quad \boldsymbol{y=(-\tan a)x+\sin a}$$

$y=0$ とすると

$$(\tan a)x=\sin a \qquad \therefore\quad x=\cos a$$
$$\therefore\quad \boldsymbol{\mathrm{Q}(\cos a,\ 0)}$$

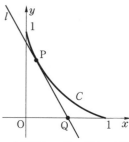

本問において，グラフの概
形がわかる必要はありませ
んが，上図のようになって
います．

(3) P，Q 間の距離 M は

$$\begin{aligned}
M&=\sqrt{(\cos^3 a-\cos a)^2+(\sin^3 a)^2}\\
&=\sqrt{\cos^2 a(1-\cos^2 a)^2+\sin^6 a}\\
&=\sqrt{\cos^2 a\sin^4 a+\sin^6 a}\\
&=\sqrt{\sin^4 a(\cos^2 a+\sin^2 a)}\\
&=\sqrt{\sin^4 a}\\
&=\sin^2 a\\
&=\frac{1}{2}(1-\cos 2a)
\end{aligned}$$

$L=\dfrac{3}{4}(1-\cos 2a)$ と比べて，$L=\dfrac{3}{2}M$ が成り

立つ．

補足 $x=\cos^3 t,\ y=\sin^3 t$ から

$$x^{\frac{2}{3}}+y^{\frac{2}{3}}=\cos^2 t+\sin^2 t=1 \qquad \therefore\quad y=\left(1-x^{\frac{2}{3}}\right)^{\frac{3}{2}}$$

とできるので，②の公式を用いても L を求められます．

■ **メインポイント** ■

曲線の長さは，微小な直角三角形の斜辺の和！

第7章 2次曲線・極座標

62 楕円の定義

アプローチ

楕円の基本知識は以下の通りです.

幾何的定義

① 円を y 軸方向に定数倍したもの.

② 2定点(**焦点**)からの距離の和が一定(長軸の長さに等しい)である点の集合.

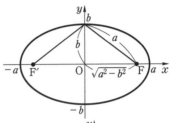

基本式 $\dfrac{x^2}{a^2}+\dfrac{y^2}{b^2}=1$

焦 点 $a>b$ のとき $(\pm\sqrt{a^2-b^2},\ 0)$

$\qquad$ $a<b$ のとき $(0,\ \pm\sqrt{b^2-a^2})$

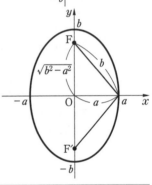

(1)では,点Pを $(4\cos\theta,\ 4\sin\theta)$ とでもおいて,点Qの満たす条件式を立式することでもQの軌跡を求められますが,**幾何的定義**②を利用するとラクです.

(2)の面積は,円に戻して考えましょう.

解答

(1) 点Qは線分 AP の垂直二等分線上にあるので

$\qquad$ AQ=PQ

$\qquad\therefore\quad$ OQ+AQ=OQ+PQ=4

したがって,点Qは O, A を焦点とし,長軸の長さが4の楕円を描く.

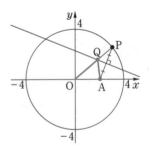

つまり,点Qの軌跡 D の方程式は

$$\frac{(x-1)^2}{2^2}+\frac{y^2}{b^2}=1$$

とおけて,三平方の定理から

$$b=\sqrt{2^2-1^2}=\sqrt{3}$$

ゆえに,D の方程式は

$$\frac{(x-1)^2}{4}+\frac{y^2}{3}=1$$

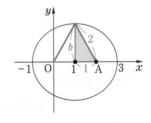

(2) (1)の結果に $x=0$ を代入して

$$\frac{1}{4}+\frac{y^2}{3}=1 \qquad \therefore \quad y=\pm\frac{3}{2}$$

したがって，$d=\dfrac{3}{2}$ である．

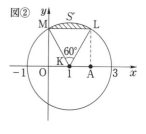

図①

題意の面積は図①の斜線部分の面積 S であり，これを y 方向に $\dfrac{2}{\sqrt{3}}$ 倍した（楕円を円に直した）ものが図②の斜線部分の面積 S' である．よって

$$\frac{2}{\sqrt{3}}S=S'=(\text{扇形 KLM})-\triangle\text{KLM}$$

$$=\pi\cdot2^2\cdot\frac{1}{6}-\frac{1}{2}\cdot2\cdot\sqrt{3}$$

$$=\frac{2}{3}\pi-\sqrt{3}$$

$$\therefore \quad S=\frac{\sqrt{3}}{3}\pi-\frac{3}{2}$$

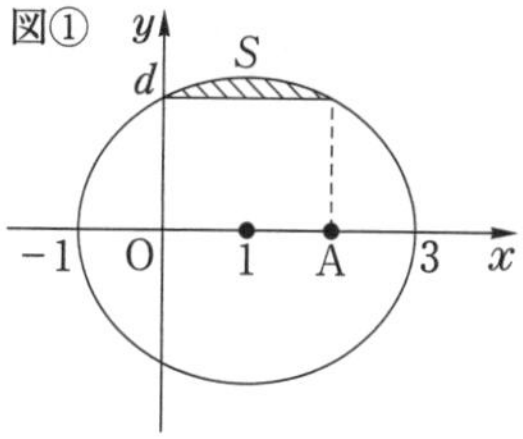

図②

補足 　面積 S の上側の曲線は，(1)の結果から

$$y=\sqrt{3\left\{1-\frac{(x-1)^2}{4}\right\}}$$

とできるので

$$S=\int_0^2\sqrt{3\left\{1-\frac{(x-1)^2}{4}\right\}}\,dx-2\cdot\frac{3}{2}$$

$$=\sqrt{3}\int_{-1}^1\sqrt{1-\frac{x^2}{4}}\,dx-3$$

$$=2\sqrt{3}\int_0^1\sqrt{1-\frac{x^2}{4}}\,dx-3$$

であり，この定積分は $x=2\cos\theta$ と置換することで値を求められます．各自計算してみてください．

第7章

■ **メインポイント** ■

楕円の基本式だけでなく，幾何的定義も忘れずに！

63 楕円上の点

アプローチ

楕円：$\dfrac{x^2}{a^2}+\dfrac{y^2}{b^2}=1$ 上の点を文字でおくときは

① $(s,\ t)$ とおいて $\dfrac{s^2}{a^2}+\dfrac{t^2}{b^2}=1$ を利用

② $(a\cos\theta,\ b\sin\theta)$ とおく

の2つの方法があります。

①の方がシンプルに感じるかもしれませんが，s と t の2変数をおくので，あとで困る可能性があります．

一方，②の方はおき方自体が難しく感じられるかもしれませんが，結局のところは θ だけの**1変数**なので，**三角関数の式変形**だろうが，**微分**だろうが，**いろいろと計算できます**．

◀円：$x^2+y^2=a^2$ 上の点は $(a\cos\theta,\ a\sin\theta)$ とおけます．その y 座標を $\dfrac{b}{a}$ 倍したものになっています．

解答

第1象限における内接長方形と楕円の交点を

$$(3\cos\theta,\ 2\sin\theta)\quad \left(0<\theta<\frac{\pi}{2}\right)$$

とおけば，長方形の2辺の長さは

$$6\cos\theta,\ 4\sin\theta$$

である．

この長方形が正方形になるとき

$$6\cos\theta=4\sin\theta$$

$$\therefore\quad \tan\theta=\frac{3}{2}$$

右図から

$$\cos\theta=\frac{2}{\sqrt{13}},\ \sin\theta=\frac{3}{\sqrt{13}}$$

よって，正方形の一辺の長さは

$$6\cos\theta=\frac{12}{\sqrt{13}}$$

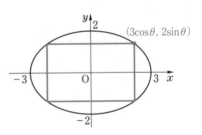

また，長方形の面積 $S(\theta)$ は
$$S(\theta) = 6\cos\theta \cdot 4\sin\theta$$
$$= 12\sin 2\theta$$

◀ $\sin 2\theta = 2\sin\theta\cos\theta$

と表せる.

$0 < 2\theta < \pi$ だから，$2\theta = \dfrac{\pi}{2}$ つまり $\theta = \dfrac{\pi}{4}$ のとき，

$S(\theta)$ は**最大値 12** をとる.

> **別解** 楕円上の点を $(s,\ t)$ とおくと
> $$\frac{s^2}{9} + \frac{t^2}{4} = 1 \quad (s > 0,\ t > 0)$$
> であり，内接長方形の面積 S は
> $$S = 4st$$
> と表せる.

このとき，相加・相乗平均の関係により
$$\frac{s^2}{9} + \frac{t^2}{4} \geqq 2\sqrt{\frac{s^2}{9} \cdot \frac{t^2}{4}}$$

が成り立つから
$$1 \geqq \frac{1}{3}st = \frac{S}{12} \qquad \therefore \quad 12 \geqq S$$

◀ この段階では「S は 12 以下」を示しただけで，「S の最大値が 12」とはまだいえません.

等号成立条件は
$$\frac{s^2}{9} = \frac{t^2}{4}$$

であり，$\dfrac{s^2}{9} + \dfrac{t^2}{4} = 1$ とあわせて
$$\frac{s^2}{9} = \frac{t^2}{4} = \frac{1}{2}$$

$$\therefore \quad (s,\ t) = \left(\frac{3}{\sqrt{2}},\ \sqrt{2} \right)$$

したがって，S は最大値 12 をとる.

◀ 適する s, t の存在を確認できたので，最大値が 12 であるといえます.

第7章

▪▪▪ **メインポイント** ▪▪▪

楕円上の点は，三角関数を利用して表せ！

64 楕円の準円

アプローチ

　楕円に限らず，**2次曲線と直線の位置関係**は，**2次方程式の議論に持ち込む**のが有効です．つまり，2次曲線の式と直線の式を連立してできる2次方程式において

◀『円』だけは中心から直線までの距離に注目して，図形的に考えることができます．

  ① **異なる2つの実数解をもつ**
    ⟺ **異なる2点で交わる**
  ② **重解をもつ**
    ⟺ **接する**
  ③ **実数解をもたない(虚数解をもつ)**
    ⟺ **交わらない**

と対応します．

解答

(1)　2式から y を消去して

$$x^2 + \frac{(mx+n)^2}{4} = 1$$

$$\therefore \quad (4+m^2)x^2 + 2mnx + n^2 - 4 = 0 \quad \cdots\cdots ①$$

◀すべての実数 m に対して
$$4+m^2 \neq 0$$
なので，この式①は2次方程式です．

　直線 $y = mx + n$ が楕円 $x^2 + \dfrac{y^2}{4} = 1$ に接するのは，①が重解をもつときだから

$$判別式：(mn)^2 - (4+m^2)(n^2 - 4) = 0$$

$$\therefore \quad m^2 - n^2 + 4 = 0$$

(2)　題意の接線は y 軸に平行でないので，傾きを m として

$$y = m(x-2) + 1$$

$$\therefore \quad y = mx \underbrace{-2m+1}_{+n}$$

とおける．

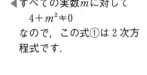

　よって，$n = -2m + 1$ を(1)の結果に代入して

$$m^2 - (-2m+1)^2 + 4 = 0$$

$$\therefore \quad 3m^2 - 4m - 3 = 0$$

　これの2解 m_1，m_2 が，2接線の傾きであり，解と係数の関係から

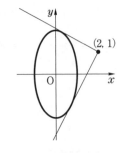

$$m_1 m_2 = \frac{-3}{3} = -1$$

したがって，2接線は直交する．

◀傾きの積が -1 であることがいえました.

(3) 2接線の交点を $(X,\ Y)$ とする．

ⅰ) $X \neq \pm 1$ のとき，2接線は y 軸に平行でないので

$$y = m(x - X) + Y$$
$$\therefore\ y = mx \underset{+n}{\underline{- mX + Y}}$$

とおける．

よって，$n = -mX + Y$ を(1)の結果に代入して

$$m^2 - (-mX + Y)^2 + 4 = 0$$
$$\therefore\ (1 - X^2)m^2 + 2XYm - Y^2 + 4 = 0$$

これの2解 $m_1,\ m_2$ が2接線の傾きであり，直交することと解と係数の関係から

$$m_1 m_2 = \frac{-Y^2 + 4}{1 - X^2} = -1$$
$$\therefore\ X^2 + Y^2 = 5$$

ⅱ) $X = \pm 1$ のとき，2接線が直交するのは，右図より $(X,\ Y) = (\pm 1,\ \pm 2)$ （複号任意）のときである．

ⅰ)，ⅱ)あわせて，求める軌跡は

円：$x^2 + y^2 = 5$

参考 この結果の円のことを『準円』といいます.

◀軌跡を描く点を $(X,\ Y)$ とおくのが基本です.

◀$X \neq \pm 1$ なので，この式は m についての2次方程式になっています.

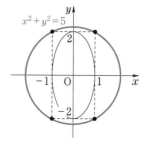

第7章

▆◣ メインポイント ▐▙

2次曲線と直線の位置関係は，
　　連立して得られる2次方程式の議論に持ち込む！

65 双曲線

アプローチ

双曲線の基本知識は以下の通りです.

幾何的定義 2定点(**焦点**)からの距離の差が一定
(2頂点間の距離)である点の集合.

基本式 $\dfrac{x^2}{a^2}-\dfrac{y^2}{b^2}=1$ または $\dfrac{x^2}{a^2}-\dfrac{y^2}{b^2}=-1$

焦 点 $\dfrac{x^2}{a^2}-\dfrac{y^2}{b^2}=1$ のとき $(\pm\sqrt{a^2+b^2},\ 0)$

$\quad\quad\quad$ $\dfrac{x^2}{a^2}-\dfrac{y^2}{b^2}=-1$ のとき $(0,\ \pm\sqrt{a^2+b^2})$

漸近線 $y=\pm\dfrac{b}{a}x$

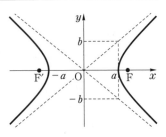

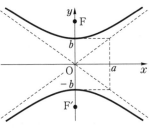

(2)は前問 64 と同様に,2次方程式の議論に持ち込みましょう.

解答

(1) $x=t+\dfrac{1}{t}+\dfrac{5}{2}$, $y=2t-\dfrac{2}{t}$ から

$\quad\quad x-\dfrac{5}{2}=t+\dfrac{1}{t}$, $\dfrac{y}{2}=t-\dfrac{1}{t}$

とできるので

$\quad\quad \left(x-\dfrac{5}{2}\right)+\dfrac{y}{2}=2t$, $\left(x-\dfrac{5}{2}\right)-\dfrac{y}{2}=\dfrac{2}{t}$

である.これらの辺々をかけて

$\quad\quad \left\{\left(x-\dfrac{5}{2}\right)+\dfrac{y}{2}\right\}\left\{\left(x-\dfrac{5}{2}\right)-\dfrac{y}{2}\right\}=2t\cdot\dfrac{2}{t}$

$\quad\quad \therefore\ \left(x-\dfrac{5}{2}\right)^2-\dfrac{y^2}{4}=4$

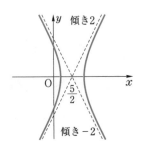

(2) (1)の結果に $y=ax+5$ を代入すると

$\quad\quad \left(x-\dfrac{5}{2}\right)^2-\dfrac{(ax+5)^2}{4}=4$

$\quad\quad \therefore\ (4-a^2)x^2-(20+10a)x-16=0\ \cdots\cdots(*)$

$a^2=4$ のとき,この方程式
は2次方程式になりません.
だから,場合分けが発生し
ます.

求める共有点の個数は，この方程式（＊）の異なる
実数解の個数に一致する．

ⅰ）　$a=2$ の場合

$$（＊）\Longleftrightarrow -40x-16=0$$

$$\Longleftrightarrow x=-\frac{2}{5}$$

$$\therefore \quad 1\text{個}$$

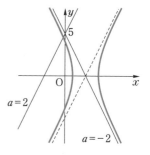

ⅱ）　$a=-2$ の場合

$$（＊）\Longleftrightarrow -16=0：矛盾$$

$$\therefore \quad 0\text{個}$$

ⅲ）　$a \neq \pm 2$ の場合

判別式：
$$\frac{D}{4}=\{-(10+5a)\}^2-(4-a^2)\cdot(-16)$$
$$=25(2+a)^2+16(2+a)(2-a)$$
$$=(2+a)\{25(2+a)+16(2-a)\}$$
$$=(a+2)(9a+82)$$

したがって，$a \neq \pm 2$ に注意して

$$D>0 \Longleftrightarrow a<-\frac{82}{9},\ -2<a<2,\ 2<a$$

$$D=0 \Longleftrightarrow a=-\frac{82}{9}$$

$$D<0 \Longleftrightarrow -\frac{82}{9}<a<-2$$

ⅰ）～ⅲ）をあわせて，共有点の個数は

$$\begin{cases} a<-\dfrac{82}{9},\ -2<a<2,\ 2<a \ \text{のとき2個} \\[2mm] a=-\dfrac{82}{9},\ 2 \qquad\qquad\qquad \text{のとき1個} \\[2mm] -\dfrac{82}{9}<a\leqq -2 \qquad\qquad \text{のとき0個} \end{cases}$$

━ メインポイント ━

方程式の議論は，最高次の係数に注意！

66 接線の公式

アプローチ

楕円，双曲線のどちらであっても，接点の座標がわかっているときの接線の方程式は，次の公式で得られます.

楕円・双曲線の接線

$\dfrac{x^2}{a^2} \pm \dfrac{y^2}{b^2} = 1$ の点 $(x_1,\ y_1)$ における接線の方程式は

$$\dfrac{x_1 x}{a^2} \pm \dfrac{y_1 y}{b^2} = 1$$

---

(1)はこの公式の証明です. 微分を利用しましょう.

(2)は，円の場合が有名な**極線**といわれる直線です.

そして，(3)は 64 ， 65 と同様に，2次方程式の議論に持ち込み，重解をもつことを示します. また，少しうまい証明を 別解 で紹介します.

解答

(1) $C_1 : \dfrac{x^2}{a^2} + \dfrac{y^2}{b^2} = 1$ の両辺を x で微分すると

$$\dfrac{2x}{a^2} + \dfrac{2y}{b^2} \cdot \dfrac{dy}{dx} = 0 \qquad \therefore \quad \dfrac{dy}{dx} = -\dfrac{b^2 x}{a^2 y}$$

したがって，$y_1 \neq 0$ のとき，C_1 上の点 $(x_1,\ y_1)$ における接線の方程式は

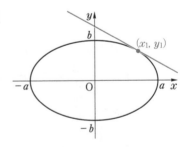

$$y - y_1 = -\dfrac{b^2 x_1}{a^2 y_1}(x - x_1)$$

$$\therefore \quad \dfrac{y_1 y}{b^2} - \dfrac{y_1^2}{b^2} = -\dfrac{x_1 x}{a^2} + \dfrac{x_1^2}{a^2}$$

$$\therefore \quad \dfrac{x_1 x}{a^2} + \dfrac{y_1 y}{b^2} = \dfrac{x_1^2}{a^2} + \dfrac{y_1^2}{b^2}$$

また，点 $(x_1,\ y_1)$ は C_1 上にあるから

$$\dfrac{x_1^2}{a^2} + \dfrac{y_1^2}{b^2} = 1$$

が成り立つ.

よって，楕円 C_1 の点 (x_1, y_1) における接線の方程式は

$$\frac{x_1 x}{a^2} + \frac{y_1 y}{b^2} = 1 \quad \cdots\cdots(*)$$

である．

$y_1 = 0$ のとき，$x_1 = \pm a$ であり，楕円 C_1 の点 (x_1, y_1) における接線の方程式は

$$x = \pm a$$

となる．これは，$(*)$ に $x_1 = \pm a$，$y_1 = 0$ を代入して整理したものである．

以上から，題意は示された．

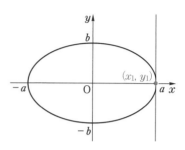

(2) 楕円 C_1 の点 $A_1(x_1, y_1)$，$A_2(x_2, y_2)$ における接線の方程式は，それぞれ

$$\frac{x_1 x}{a^2} + \frac{y_1 y}{b^2} = 1, \quad \frac{x_2 x}{a^2} + \frac{y_2 y}{b^2} = 1$$

である．これらが点 (p, q) を通るとき

$$\frac{x_1 p}{a^2} + \frac{y_1 q}{b^2} = 1 \quad \text{かつ} \quad \frac{x_2 p}{a^2} + \frac{y_2 q}{b^2} = 1$$

が成り立つ．これは，直線

$$\frac{p x}{a^2} + \frac{q y}{b^2} = 1 \quad \cdots\cdots①$$

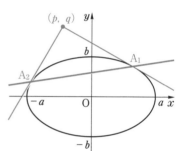

が，2 点 A_1，A_2 を通ることを表しているので，題意は示された．

(3) 点 (p, q) が双曲線 C_2 上の点であるとき

$$\frac{p^2}{a^2} - \frac{q^2}{b^2} = 1 \quad \cdots\cdots②$$

が成り立つ．

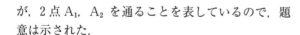

$q \neq 0$ のとき，①から，$\dfrac{y}{b} = \dfrac{b}{q}\left(1 - \dfrac{px}{a^2}\right)$ とでき ◀ 分母に q を持っていくので $q \neq 0$ としておきます。

るので，C_2 の式に代入して整理すると

$$\dfrac{x^2}{a^2} - \dfrac{b^2}{q^2}\left(1 - \dfrac{px}{a^2}\right)^2 = 1$$

$$\Longleftrightarrow \left(\dfrac{1}{a^2} - \dfrac{b^2 p^2}{a^4 q^2}\right)x^2 + \dfrac{2b^2 p}{a^2 q^2}x - \dfrac{b^2}{q^2} - 1 = 0$$

$$\Longleftrightarrow \dfrac{b^2}{a^2 q^2}\left(\dfrac{q^2}{b^2} - \dfrac{p^2}{a^2}\right)x^2 + \dfrac{2b^2 p}{a^2 q^2}x - \dfrac{b^2}{q^2}\left(1 + \dfrac{q^2}{b^2}\right) = 0$$ ◀ x について整理しますが，同時に②を使えるような形を目指します。

$$\Longleftrightarrow -\dfrac{b^2}{a^2 q^2}x^2 + \dfrac{2b^2 p}{a^2 q^2}x - \dfrac{b^2 p^2}{a^2 q^2} = 0 \ (\because \quad ②)$$

$$\Longleftrightarrow x^2 - 2px + p^2 = 0$$

$$\Longleftrightarrow (x - p)^2 = 0$$

よって，重解 $x = p$ をもつから，直線①と C_2 は接する。

$q = 0$ のとき，②から $a^2 = p^2$ なので，直線①は

$x = \dfrac{a^2}{p} = p$ となり，C_2 に接する。

別解

(3) 双曲線 C_2 は x 軸に関して対称な図形なので，点 $(p,\ q)$ が C_2 上にあるとき，点 $(p,\ -q)$ も C_2 上にある。この点 $(p,\ -q)$ における C_2 の接線の方程式は，(1)と同様にして

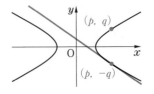

$$\dfrac{px}{a^2} - \dfrac{(-q)y}{b^2} = 1 \qquad \therefore \quad \dfrac{px}{a^2} + \dfrac{qy}{b^2} = 1$$

よって，直線①は C_2 の点 $(p,\ -q)$ における接線である。

◢ メインポイント ◣

楕円・双曲線の接線の公式は，微分の利用で作れる！

67 焦点が一致する楕円と双曲線

アプローチ

本問は「焦点が一致する楕円と双曲線は直交する」という有名な事実の証明です. 比較的, 出題率の高い問題です.

2直線が直交することの証明は, 2直線の式を

$$y = m_1 x + n_1, \quad y = m_2 x + n_2$$

と変形して $m_1 m_2 = -1$ を示すのが基本ですが, 「$y=$」に変形する際に文字式で割ることがあると場合分けが発生して, 少しメンドウなときがあります. そこで, 解答 では別の方法を紹介します.

そのための前提知識として

直線 $ax + by + c = 0$ の法線ベクトルが $\begin{pmatrix} a \\ b \end{pmatrix}$

という事実を覚えておいてください. これを利用して

2直線が直交
$\iff$ 法線ベクトルどうしが垂直
$\iff$ 法線ベクトルどうしの内積が 0

と考えると, 無駄な計算を省けます.

▶2曲線が直交するというのは「交点における接線どうしが垂直」ということです.

▶本問においては, あまり関係ありませんが, 0で割ってはいけないので, その割る式が「0の場合」と「そうでない場合」に分けないといけない問題もあります.

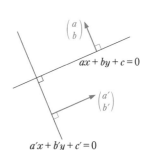

$ax + by + c = 0$

$a'x + b'y + c' = 0$

解答

(1) C_1 と C_2 の焦点が一致するから

$$a^2 - 9 = 4 + b^2$$
$$\therefore \quad a^2 = b^2 + 13 \quad \cdots\cdots ①$$

C_1, C_2 の方程式から, それぞれ

$$y^2 = 9\left(1 - \frac{x^2}{a^2}\right), \quad y^2 = b^2\left(\frac{x^2}{4} - 1\right)$$

とできるので, y^2 を消去すれば

$$9\left(1 - \frac{x^2}{a^2}\right) = b^2\left(\frac{x^2}{4} - 1\right)$$
$$\iff \left(\frac{9}{a^2} + \frac{b^2}{4}\right)x^2 = 9 + b^2$$

▶$a > \sqrt{13}$ なので C_1 の焦点は $(\pm\sqrt{a^2-9}, \ 0)$ で, C_2 の焦点は $(\pm\sqrt{4+b^2}, \ 0)$ です.

$$\Longleftrightarrow \left(\frac{9}{a^2}+\frac{a^2-13}{4}\right)x^2=a^2-4 \quad (\because \ ①)$$

$$\Longleftrightarrow \frac{a^4-13a^2+36}{4a^2}x^2=a^2-4$$

$$\therefore \quad x^2=\frac{4a^2(a^2-4)}{(a^2-9)(a^2-4)}=\frac{4a^2}{a^2-9}$$

◀ $a>\sqrt{13}$ なので，a^2-4，a^2-9 はともに正です。

$$\therefore \quad y^2=9\left(1-\frac{x^2}{a^2}\right)=\frac{9(a^2-13)}{a^2-9}$$

点Pの座標は x, y ともに正なので

$$\mathbf{P}\left(\frac{2a}{\sqrt{a^2-9}},\ \frac{3\sqrt{a^2-13}}{\sqrt{a^2-9}}\right)$$

(2) $\mathrm{P}(s,\ t)$ とおくと，(1)の結果から

$$s^2=\frac{4a^2}{a^2-9},\ \ t^2=\frac{9(a^2-13)}{a^2-9} \quad \cdots\cdots②$$

であり，l_1, l_2 の式は

$$l_1: \frac{sx}{a^2}+\frac{ty}{9}=1 \qquad \therefore \quad 9sx+a^2ty=9a^2$$

◀ 前問 66 で示した公式です．

$$l_2: \frac{sx}{4}-\frac{ty}{b^2}=1 \qquad \therefore \quad b^2sx-4ty=4b^2$$

これらの法線ベクトルの内積を計算すると

$$\begin{pmatrix} 9s \\ a^2t \end{pmatrix}\cdot\begin{pmatrix} b^2s \\ -4t \end{pmatrix}$$

$$=9b^2s^2-4a^2t^2$$

$$=9(a^2-13)\cdot\frac{4a^2}{a^2-9}-4a^2\cdot\frac{9(a^2-13)}{a^2-9}$$

◀ ①，②を適用しました．

$$=0$$

となるから，$l_1\perp l_2$ である．

■▶ メインポイント ◀■

2直線の垂直は，傾きだけじゃなく，法線ベクトルでも処理できる！

68 放物線

アプローチ

放物線の基本知識は以下の通りです.

幾何的定義　定点(**焦点**)と定直線(**準線**)からの距離が
等しい点の集合.

基本式　$y^2 = 4px$

焦　点　$(p, 0)$

準　線　$x = -p$

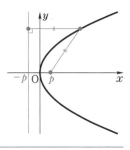

解答

(1)　①は $x^2 = 4 \cdot \dfrac{1}{4} \cdot y$ とできるので, 焦点 F の座標

と準線の方程式は

$$\mathrm{F}\left(0, \frac{1}{4}\right), \quad y = -\frac{1}{4}$$

また, ①から $y' = 2x$ なので, $\mathrm{P}(a, a^2)$ にお
ける接線 l の方程式は

$$y = 2a(x - a) + a^2$$
$$\therefore \quad y = 2ax - a^2$$

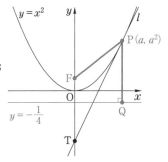

(2)　l の方程式から, $\mathrm{T}(0, -a^2)$ なので

$$\mathrm{FT} = \frac{1}{4} - (-a^2) = a^2 + \frac{1}{4}$$

また, 放物線の定義から

$$\mathrm{FP} = \mathrm{PQ} = a^2 - \left(-\frac{1}{4}\right) = a^2 + \frac{1}{4}$$

したがって, 三角形 PFT は

FT＝FP の二等辺三角形

◀ 2 点 F, P の座標から計算
しても同じ結果になります.

(3)　(2)の結果より, ∠FTP＝∠FPT が成り立つ.

PQ∥FT より, ∠FTP＝∠QPT が成り立つ.

$$\therefore \quad \textbf{∠FPT＝∠QPT}$$

◀この結論は, 放物線の有名
な性質です.

メインポイント

放物線の幾何的定義を忘れずに！

第7章

69 極座標

平面内の点の位置を，**極**からの距離 r と，**始線**から
の回転角 θ で (r, θ) と表す座標を**極座標**といいます．

とくに断りがない場合には，xy 座標平面において，
原点を極，x **軸正方向を始線**として右図のように設定
します．

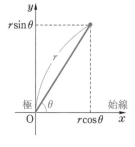

このとき，直交座標 (x, y) と極座標 (r, θ) の間
には 3 つの関係式

$$x = r\cos\theta$$
$$y = r\sin\theta$$
$$x^2 + y^2 = r^2$$

が成り立ちます．

解答

(1) 点Aの直交座標は

$$\left(\cos\frac{\pi}{3}, \ \sin\frac{\pi}{3}\right) = \left(\frac{1}{2}, \ \frac{\sqrt{3}}{2}\right)$$

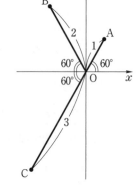

(2) 右図より，$\triangle$OAB は

$$OA : OB = 1 : 2, \quad \angle AOB = \frac{\pi}{3}$$

なので $\angle OAB = \dfrac{\pi}{2}$ である．

(3) $\triangle OBC = \dfrac{1}{2} \cdot 2 \cdot 3 \sin\dfrac{2}{3}\pi = \dfrac{3\sqrt{3}}{2}$

(4) $\triangle ABC$ は $\angle A = \dfrac{\pi}{2}$ の直角三角形なので，外接

円の中心は斜辺 BC の中点である．

B，C の直交座標は

$$B : \left(2\cos\frac{2}{3}\pi, \ 2\sin\frac{2}{3}\pi\right) = (-1, \ \sqrt{3})$$

$$C : \left(3\cos\frac{4}{3}\pi, \ 3\sin\frac{4}{3}\pi\right) = \left(-\frac{3}{2}, \ -\frac{3\sqrt{3}}{2}\right)$$

なので，BC の中点の座標は

$$\left(\frac{(-1)+\left(-\dfrac{3}{2}\right)}{2}, \ \frac{\sqrt{3}+\left(-\dfrac{3\sqrt{3}}{2}\right)}{2} \right)$$

$$=\left(-\frac{5}{4}, \ -\frac{\sqrt{3}}{4}\right)$$

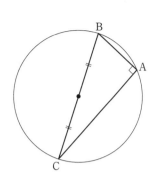

また，△ABC における三平方の定理から

$$BC=\sqrt{AB^2+CA^2}$$
$$=\sqrt{(\sqrt{3}\,)^2+4^2}=\sqrt{19}$$

よって，△ABC の外接円の半径は

$$\frac{BC}{2}=\frac{\sqrt{19}}{2}$$

補足　BC の長さは，△OBC に余弦定理を適用して

$$BC^2=2^2+3^2-2\cdot2\cdot3\cos\frac{2}{3}\pi$$
$$=4+9+6$$
$$=19$$
$$\therefore \quad BC=\sqrt{19}$$

と求めてもいいでしょう.

■■■ メインポイント ■■■

極座標とは，極からの距離 r と始線からの角度 θ で表した座標！

70 極方程式

アプローチ

極座標 $(r,\ \theta)$ に関する方程式を**極方程式**といいます. 基本的には, 前問 **69** で確認した 3 つの関係式

$$x=r\cos\theta$$
$$y=r\sin\theta$$
$$x^2+y^2=r^2$$

を使って, xy 座標の方程式との書き換えができれば十分です.

◀ 極方程式においては, $r<0$ を認めるのが慣例です.
例えば, 直線 $y=x$ は $\theta=\dfrac{\pi}{4}$ と表します.

解答

(1) $r=2\cos\theta$ は $r=0$ となる場合もあるので

$$r=2\cos\theta$$
$$\Longleftrightarrow r=0 \ \text{または} \ r=2\cos\theta$$
$$\Longleftrightarrow r(r-2\cos\theta)=0$$
$$\Longleftrightarrow r^2-2r\cos\theta=0$$
$$\Longleftrightarrow x^2+y^2-2x=0$$
$$\Longleftrightarrow (x-1)^2+y^2=1$$

◀ $r\cos\theta$ を作れば, x に書き換えられます.

よって, これは

中心 $(1,\ 0)$, 半径 1 の円

を表す.

(2) 2 点 A, B の直交座標は A$(1,\ 1)$, B$(2,\ 0)$ なので, 直線 l の方程式は

$$y=-x+2$$
$$\Longleftrightarrow r\sin\theta=-r\cos\theta+2$$
$$\Longleftrightarrow r(\cos\theta+\sin\theta)=2$$
$$\Longleftrightarrow r\left(\cos\theta\cdot\frac{1}{\sqrt{2}}+\sin\theta\cdot\frac{1}{\sqrt{2}}\right)=\sqrt{2}$$
$$\Longleftrightarrow r\left(\cos\theta\cos\frac{\pi}{4}+\sin\theta\sin\frac{\pi}{4}\right)=\sqrt{2}$$
$$\Longleftrightarrow r\cos\left(\theta-\frac{\pi}{4}\right)=\sqrt{2}$$

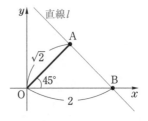

(3) A(1, 1), AB=$\sqrt{2}$ なので, 円 D の方程式は

$$(x-1)^2+(y-1)^2=2$$
$$\Longleftrightarrow x^2+y^2-2x-2y=0$$
$$\Longleftrightarrow r^2-2r\cos\theta-2r\sin\theta=0$$
$$\Longleftrightarrow r(r-2\cos\theta-2\sin\theta)=0$$
$$\Longleftrightarrow r=0 \ \text{または} \ r=2(\cos\theta+\sin\theta)$$
$$\Longleftrightarrow r=2\sqrt{2}\cos\left(\theta-\frac{\pi}{4}\right)$$

◀この式は $r=0$ となる場合も表せています.

参考 極方程式から直接図形を読み取ることも, また, 図形を直接極方程式で表すこともできます.

(1) 図形 $r=2\cos\theta$ 上に点 $\mathrm{P}(r, \theta)$ をとると
$$r=2\cos\theta \Longleftrightarrow \mathrm{OP}=\mathrm{OB}\cos\theta$$

から, つねに $\angle\mathrm{BPO}=\dfrac{\pi}{2}$ が成り立つので, 点Pは OB を直径とする円を描きます.

(2) 直線 l 上に点 $\mathrm{P}(r, \theta)$ をとると, つねに $\angle\mathrm{PAO}=\dfrac{\pi}{2}$ が成り立つので

$$\mathrm{OP}\cos\angle\mathrm{POA}=\mathrm{OA} \Longleftrightarrow r\cos\left(\theta-\frac{\pi}{4}\right)=\sqrt{2}$$

(3) 円 D 上に点 $\mathrm{P}(r, \theta)$, $\mathrm{C}\left(2\sqrt{2}, \dfrac{\pi}{4}\right)$ をとると, つねに $\angle\mathrm{CPO}=\dfrac{\pi}{2}$ が成り立つので

$$\mathrm{OP}=\mathrm{OC}\cos\angle\mathrm{COP} \Longleftrightarrow r=2\sqrt{2}\cos\left(\theta-\frac{\pi}{4}\right)$$

(1)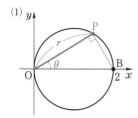

(2)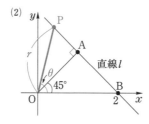

(3)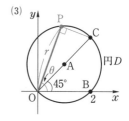

第7章

アプローチ

本問は「**焦点 F を極とし，x 軸正方向を始線とする極座標**」を設定しています．

そして(1)は「放物線 $y^2 = 4px$ の**極方程式を求めよ**」という問題です．

もちろん，前問と同様に(ただし，極が原点からズレていることに注意して)

$$x = r\cos\theta + p$$
$$y = r\sin\theta$$

を代入して整理してもイイのですが，**2次曲線の焦点を極とする場合は，2次曲線の幾何的定義を利用すると早いです！**

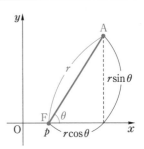

解答

(1) 放物線の定義より

$$AF = AF\cos\theta + 2p$$

が成り立つから，これより

$$AF(1 - \cos\theta) = 2p$$

$$\therefore \quad AF = \frac{2p}{1 - \cos\theta}$$

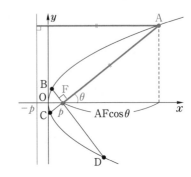

(2) (1)と同様にして

$$BF = \frac{2p}{1 - \cos\left(\theta + \dfrac{\pi}{2}\right)} = \frac{2p}{1 + \sin\theta}$$

$$CF = \frac{2p}{1 - \cos(\theta + \pi)} = \frac{2p}{1 + \cos\theta}$$

$$DF = \frac{2p}{1 - \cos\left(\theta + \dfrac{3}{2}\pi\right)} = \frac{2p}{1 - \sin\theta}$$

◀(1)はこの曲線の極方程式を作ったことになるので，θ を変えていくだけで，BF，CF，DF を表せます．

なので

$$\frac{1}{\text{AF} \cdot \text{CF}} + \frac{1}{\text{BF} \cdot \text{DF}}$$

$$= \frac{1}{\dfrac{2p}{1-\cos\theta} \cdot \dfrac{2p}{1+\cos\theta}} + \frac{1}{\dfrac{2p}{1+\sin\theta} \cdot \dfrac{2p}{1-\sin\theta}}$$

$$= \frac{1-\cos^2\theta}{4p^2} + \frac{1-\sin^2\theta}{4p^2}$$

$$= \frac{1}{4p^2}$$

とでき，θ の値に関係ない一定の値 $\dfrac{1}{4p^2}$ をとるこ

とが示された.

補足　$y^2 = 4px$ に $x = r\cos\theta + p$, $y = r\sin\theta$ を代入した場合は以下のよう
になります. 途中の因数分解が少し難しいです.

$$y^2 = 4px$$
$$\Longleftrightarrow r^2\sin^2\theta = 4p(r\cos\theta + p)$$
$$\Longleftrightarrow r^2(1-\cos^2\theta) = 4pr\cos\theta + 4p^2$$
$$\Longleftrightarrow r^2(1-\cos\theta)(1+\cos\theta) - 4pr\cos\theta - 4p^2 = 0$$
$$\Longleftrightarrow \{r(1-\cos\theta) - 2p\}\{r(1+\cos\theta) + 2p\} = 0$$
$$\Longleftrightarrow r = \frac{2p}{1-\cos\theta} \ \text{または} \ r = -\frac{2p}{1+\cos\theta}$$

ここで，$r = -\dfrac{2p}{1+\cos\theta}$ において，θ を $\pi+\theta$ とすると

$$r = -\frac{2p}{1+\cos(\pi+\theta)} = -\frac{2p}{1-\cos\theta}$$

となるから，$r<0$ を認める極方程式においては $r = \dfrac{2p}{1-\cos\theta}$ と同じ図形を表
しています.

■**メインポイント**■

焦点を極とする場合は，幾何的定義から攻める！

72 ２次曲線の極方程式②

アプローチ

　本問も前問同様「**焦点Ｆを極とし，x軸正方向を始線とする極座標**」を設定しています．

　したがって，**２次曲線の幾何的定義を利用**しましょう！

解答

(1)　もう一つの焦点を F′(−1, 0) として，点 P($r\cos\theta+1$, $r\sin\theta$) が E 上にあるとき，FP=r であり，楕円の定義により

$$FP+F'P=2\sqrt{2}$$

が成り立つから

$$F'P=2\sqrt{2}-r$$

と表せる．

　よって，△FPF′ に余弦定理を適用すれば

$$(2\sqrt{2}-r)^2=r^2+2^2-2\cdot r\cdot 2\cos(\pi-\theta)$$

となるから，これを解くと

$$8-4\sqrt{2}\,r+r^2=r^2+4+4r\cos\theta$$

$$\therefore\quad r=\frac{1}{\sqrt{2}+\cos\theta}$$

(2)　(1)の結果から

$$PF=\frac{1}{\sqrt{2}+\cos\theta}$$

$$QF=\frac{1}{\sqrt{2}+\cos(\theta+\pi)}=\frac{1}{\sqrt{2}-\cos\theta}$$

$$RF=\frac{1}{\sqrt{2}+\cos\left(\theta+\dfrac{\pi}{2}\right)}=\frac{1}{\sqrt{2}-\sin\theta}$$

◀RF，SF の式は逆でも OK.

$$SF=\frac{1}{\sqrt{2}+\cos\left(\theta-\dfrac{\pi}{2}\right)}=\frac{1}{\sqrt{2}+\sin\theta}$$

なので

$$PF + QF + RF + SF$$

$$= \frac{1}{\sqrt{2} + \cos\theta} + \frac{1}{\sqrt{2} - \cos\theta} + \frac{1}{\sqrt{2} - \sin\theta} + \frac{1}{\sqrt{2} + \sin\theta}$$

$$= \frac{2\sqrt{2}}{2 - \cos^2\theta} + \frac{2\sqrt{2}}{2 - \sin^2\theta}$$

$$= \frac{2\sqrt{2}(4 - \sin^2\theta - \cos^2\theta)}{4 - 2(\cos^2\theta + \sin^2\theta) + \sin^2\theta\cos^2\theta}$$

$$= \frac{6\sqrt{2}}{2 + \left(\dfrac{\sin 2\theta}{2}\right)^2}$$

$$= \frac{24\sqrt{2}}{8 + \sin^2 2\theta}$$

これは，$\sin^2 2\theta = 1$ のとき最小で，その値は

$$\frac{24\sqrt{2}}{8 + 1} = \frac{8\sqrt{2}}{3}$$

補足 $\dfrac{x^2}{2} + y^2 = 1$ に $x = r\cos\theta + 1$，$y = r\sin\theta$ を代入した場合は以下のようになります．途中の因数分解が少し難しいです．

$$\frac{(r\cos\theta + 1)^2}{2} + r^2\sin^2\theta = 1$$

$$\iff r^2(\cos^2\theta + 2\sin^2\theta) + 2r\cos\theta - 1 = 0$$

$$\iff r^2(2 - \cos^2\theta) + 2r\cos\theta - 1 = 0$$

$$\iff r^2(\sqrt{2} - \cos\theta)(\sqrt{2} + \cos\theta) + 2r\cos\theta - 1 = 0$$

$$\iff \{r(\sqrt{2} - \cos\theta) + 1\}\{r(\sqrt{2} + \cos\theta) - 1\} = 0$$

$$\iff r = -\frac{1}{\sqrt{2} - \cos\theta} \quad \text{または} \quad r = \frac{1}{\sqrt{2} + \cos\theta}$$

これらは 71 と同様に同じ図形を表します．

本問は $r > 0$ なので，$r = \dfrac{1}{\sqrt{2} + \cos\theta}$ を採用します．

■■■ メインポイント ■■■

楕円の焦点を極とする場合は，余弦定理の利用！

73 共役複素数

アプローチ

複素数は $x+yi$ $(x, y：実数)$ の形に整理するのが基本です．そして，x_1, x_2, y_1, y_2 を実数として

$$x_1+y_1i=x_2+y_2i \iff \begin{cases} x_1=x_2 \\ y_1=y_2 \end{cases}$$

◀ x を実部，y を虚部といいます．

◀複素数平面上で2点が一致することを考えれば明らかです．

が成り立ちます．これを『**複素数の相等**』といいます．

解答 では，解 α を代入して整理し，この複素数の相等を利用することで，条件式を作っています．

また，複素数 $z=x+yi$ $(x, y：実数)$ に対して

$$\bar{z}=x-yi$$

◀虚部の符号を変える．

を**共役複素数**といい，2つの複素数 z, w に対して

$$\overline{z+w}=\bar{z}+\bar{w}, \quad \overline{z-w}=\bar{z}-\bar{w}$$

$$\overline{zw}=\bar{z}\,\bar{w}, \quad \overline{\left(\dfrac{z}{w}\right)}=\dfrac{\bar{z}}{\bar{w}}$$

◀バーをバラせるということです．証明は **77** 参照．

が成り立ちます．

別解 では，これを利用しています．

解答

$\alpha=3+\sqrt{3}\,i$ とすると
$$\alpha^2=(3+\sqrt{3}\,i)^2=6+6\sqrt{3}\,i$$
$$\alpha^3=(6+6\sqrt{3}\,i)(3+\sqrt{3}\,i)=24\sqrt{3}\,i$$
なので，与式の左辺に $x=\alpha$ を代入すると
$$\alpha^3+(a-3)\alpha^2+(-2a+b+3)\alpha+a-b-15$$
$$=24\sqrt{3}\,i+(a-3)(6+6\sqrt{3}\,i)+(-2a+b+3)(3+\sqrt{3}\,i)+a-b-15$$
$$=(a+2b-24)+(4a+b+9)\sqrt{3}\,i$$
であり，これが0に等しいから
$$\begin{cases} a+2b-24=0 & \cdots\cdots① \\ 4a+b+9=0 & \cdots\cdots② \end{cases}$$
が成り立つ．

◀ a, b は実数なので
$a+2b-24$, $4a+b+9$
はともに実数です．

このとき，$\beta = 3 - \sqrt{3}\,i$ とすると
$$\beta^2 = (3 - \sqrt{3}\,i)^2 = 6 - 6\sqrt{3}\,i$$
$$\beta^3 = (6 - 6\sqrt{3}\,i)(3 - \sqrt{3}\,i) = -24\sqrt{3}\,i$$
なので，与式の左辺に $x = \beta$ を代入すると
$$\beta^3 + (a-3)\beta^2 + (-2a+b+3)\beta + a - b - 15$$
$$= -24\sqrt{3}\,i + (a-3)(6 - 6\sqrt{3}\,i) + (-2a+b+3)(3 - \sqrt{3}\,i) + a - b - 15$$
$$= (a + 2b - 24) - (4a + b + 9)\sqrt{3}\,i$$
$$= 0 \quad (\because \ \text{①, ②})$$
よって，$\beta = 3 - \sqrt{3}\,i$ も与式の解である．

また，①，②を a, b の連立方程式と見て解けば
$$a = -6, \quad b = 15$$

◆別解

$\alpha = 3 + \sqrt{3}\,i$ とすると，これが与式の解だから
$$\alpha^3 + (a-3)\alpha^2 + (-2a+b+3)\alpha + a - b - 15 = 0$$
が成り立つ．したがって
$$\overline{\alpha^3 + (a-3)\alpha^2 + (-2a+b+3)\alpha + a - b - 15} = \overline{0}$$
が成り立ち，共役複素数の性質から
$$(\overline{\alpha})^3 + (\overline{a-3})(\overline{\alpha})^2 + (\overline{-2a+b+3})(\overline{\alpha}) + (\overline{a-b-15}) = \overline{0}$$
$$\therefore \quad (\overline{\alpha})^3 + (a-3)(\overline{\alpha})^2 + (-2a+b+3)(\overline{\alpha}) + a - b - 15 = 0$$

これは，与式に $x = \overline{\alpha} = 3 - \sqrt{3}\,i$ を代入して成り立つことを表しているので，$3 - \sqrt{3}\,i$ も解である．

もう一つの解を c とおいて，解と係数の関係から

◀3次方程式の解は全部で3個です．

$$\begin{cases} (3 + \sqrt{3}\,i) + (3 - \sqrt{3}\,i) + c = -(a-3) \\ (3 + \sqrt{3}\,i)(3 - \sqrt{3}\,i) + (3 - \sqrt{3}\,i)c + c(3 + \sqrt{3}\,i) = -2a + b + 3 \\ (3 + \sqrt{3}\,i)(3 - \sqrt{3}\,i)c = -(a - b - 15) \end{cases}$$

$$\therefore \quad \begin{cases} a + c = -3 \\ 2a - b + 6c = -9 \\ a - b + 12c = 15 \end{cases}$$

$$\therefore \quad a = -6, \ b = 15, \ c = 3$$

■■メインポイント■■

① 複素数は実部と虚部をはっきり分ける！

② 共役のバーは，四則演算に関してバラせる！

複素数 $z=x+yi$ （x, y：実数）に対して

$$|z|=\sqrt{x^2+y^2}$$

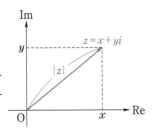

を z の**絶対値**といいます．これは，複素数平面における**原点から点 z までの距離**になっていて，実数の絶対値の自然な拡張になっています．

実数と同様に，2つの複素数 z, w に対して

$$|zw|=|z||w|, \quad \left|\frac{z}{w}\right|=\frac{|z|}{|w|}$$

本書では
　実軸を Re，虚軸を Im
と表すことにします．

が成り立ちます．

そして，かなり高頻度で使うのが次の，絶対値と共役複素数の関係式

$$|z|^2=z\bar{z}$$

です．証明は下の通り．

証明 $z=x+yi$ （x, y：実数）とおくと
$$|z|^2=x^2+y^2$$
$$z\bar{z}=(x+yi)(x-yi)=x^2+y^2$$
なので，$|z|^2=z\bar{z}$ が成り立つ． （証明終了）

解答

$|z_1|=1$ から

$$|z_1|^2=1 \quad \therefore \quad z_1\overline{z_1}=1 \quad \cdots\cdots ①$$

$|z_2|=1$ から

$$|z_2|^2=1 \quad \therefore \quad z_2\overline{z_2}=1 \quad \cdots\cdots ②$$

$|z_1+z_2|=1$ から

$$|z_1+z_2|^2=1$$

◀絶対値がきたら，2乗して
$$|z|^2=z\bar{z}$$
を使う！

$$\Longleftrightarrow (z_1+z_2)(\overline{z_1+z_2})=1$$
$$\Longleftrightarrow (z_1+z_2)(\overline{z_1}+\overline{z_2})=1$$
$$\Longleftrightarrow z_1\overline{z_1}+z_1\overline{z_2}+\overline{z_1}z_2+z_2\overline{z_2}=1$$
$$\therefore \quad z_1\overline{z_2}+\overline{z_1}z_2=-1 \quad (\because \quad ①, ②)$$

◀バーはバラせます.

したがって
$$|z_1-z_2|^2=(z_1-z_2)(\overline{z_1-z_2})$$
$$=(z_1-z_2)(\overline{z_1}-\overline{z_2})$$
$$=z_1\overline{z_1}-z_1\overline{z_2}-\overline{z_1}z_2+z_2\overline{z_2}$$
$$=1-(z_1\overline{z_2}+\overline{z_1}z_2)+1 \quad (\because \quad ①, ②)$$
$$=1-(-1)+1$$
$$=3$$
$$\therefore \quad |z_1-z_2|=\sqrt{3}$$

補足 複素数はベクトルと対応します. (詳しくは次の **75** で.)

したがって, 本問は3つのベクトル z_1, z_2, z_1+z_2 の長さがすべて1ということから, 右図のような位置関係になっているのです.

そして, 求めるものはベクトル z_1-z_2 の長さなので, 図から $\sqrt{3}$ とわかります.

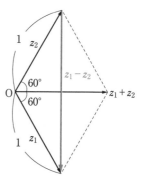

▪▪◢ **メインポイント** ▗▪▪

絶対値は2乗して, $z\overline{z}$ に直す!

75 複素数の極形式

2つの複素数 $z=x_1+y_1i,\ w=x_2+y_2i$ に対して

和：$z+w=(x_1+x_2)+(y_1+y_2)i$

差：$z-w=(x_1-x_2)+(y_1-y_2)i$

実数倍：$kz=kx_1+ky_1i$ （k：実数）

となることは，2つのベクトル $\vec{a}=\begin{pmatrix}x_1\\y_1\end{pmatrix},\ \vec{b}=\begin{pmatrix}x_2\\y_2\end{pmatrix}$

に対して

和：$\vec{a}+\vec{b}=\begin{pmatrix}x_1+x_2\\y_1+y_2\end{pmatrix}$，差：$\vec{a}-\vec{b}=\begin{pmatrix}x_1-x_2\\y_1-y_2\end{pmatrix}$

実数倍：$k\vec{a}=\begin{pmatrix}kx_1\\ky_1\end{pmatrix}$

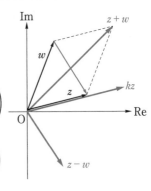

となることと対応しています.

つまり，**複素数とベクトルは表記方法こそ違えど，和・差・実数倍については同じもの**と考えることができます.

また，複素数 $z=x+yi$ が表す点の極座標を考えると，$x=r\cos\theta,\ y=r\sin\theta$ なので

$$z=r(\cos\theta+i\sin\theta)$$

と書けます. これを z の**極形式**といいます.

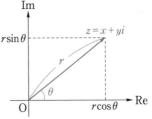

$z=r(\cos\theta+i\sin\theta)$ のとき

$1z=r(\cos\theta+i\sin\theta)$

$iz=r(-\sin\theta+i\cos\theta)$

$\quad=r\left\{\cos\left(\theta+\dfrac{\pi}{2}\right)+i\sin\left(\theta+\dfrac{\pi}{2}\right)\right\}$

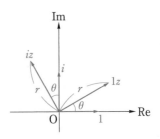

となり，それぞれ，ベクトル 1，i の長さを r 倍して，θ 回転したベクトルを表しています. このとき

$$(x+yi)z=x\cdot 1z+y\cdot iz$$

とできることから

複素数 z をかけると，1，i を基準とする座標平面上のベクトル $\begin{pmatrix}x\\y\end{pmatrix}$ が，$1z$，iz を基準とする座標平

168

面上のベクトル $\begin{pmatrix} x \\ y \end{pmatrix}$ に変換される

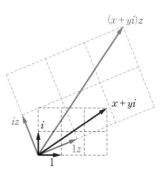

といえます.（右図のように，平面全体を r 倍に拡大して，θ 回転しているのです.）

　つまり，複素数 z をかけると

長さが r 倍されて，θ 回転される

ということです. このことを極形式で書くと

$$z = r_1(\cos\theta_1 + i\sin\theta_1),\ \ w = r_2(\cos\theta_2 + i\sin\theta_2)$$

に対して

$$zw = r_1 r_2 \{\cos(\theta_1 + \theta_2) + i\sin(\theta_1 + \theta_2)\}$$

◀三角関数の加法定理から確認できます.

になるということです.

解答

　$z,\ z^2,\ z^3$ がすべて異なるのは $z \neq 0,\ \pm 1$ のときである.

　3点 $z,\ z^2,\ z^3$ が正三角形の頂点となるのは，ベクトル $z^2 - z$ を $\pm\dfrac{\pi}{3}$ 回転させたものが，$z^3 - z$ になるときだから

$$z^3 - z = (z^2 - z)\left\{\cos\left(\pm\frac{\pi}{3}\right) + i\sin\left(\pm\frac{\pi}{3}\right)\right\}$$

すなわち

$$\frac{z^3 - z}{z^2 - z} = \cos\left(\pm\frac{\pi}{3}\right) + i\sin\left(\pm\frac{\pi}{3}\right)$$

が成り立つときである. この式から

$$\frac{z(z-1)(z+1)}{z(z-1)} = \frac{1 + \sqrt{3}\,i}{2},\ \ \frac{1 - \sqrt{3}\,i}{2}$$

$$\therefore\ \ z + 1 = \frac{1 + \sqrt{3}\,i}{2},\ \ \frac{1 - \sqrt{3}\,i}{2}$$

$$\therefore\ \ z = \frac{-1 + \sqrt{3}\,i}{2},\ \ \frac{-1 - \sqrt{3}\,i}{2}$$

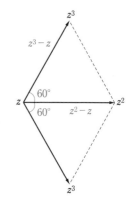

■◣ **メインポイント** ◢■

複素数は，ベクトルの性質をもち，さらに回転できる！

76 三角形の形状

アプローチ

三角形 ABC の形状を調べたければ

① $\overrightarrow{AB}$ と $\overrightarrow{AC}$ の長さの比
② $\overrightarrow{AB}$ から $\overrightarrow{AC}$ までの回転角

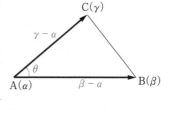

の2つを調べれば十分です.

しかし, これをベクトルだけで処理しようとすると, ①は簡単だけど, ②は難しいです.

そこで, 複素数の出番です. 3点 A, B, C を表す複素数を α, β, γ とするとき

$$\gamma-\alpha=(\beta-\alpha)z$$

となる複素数 z の極形式がわかれば, ①, ②の両方を得られます.

つまり, $\dfrac{\gamma-\alpha}{\beta-\alpha}$ の極形式を求めればイイのです.

解答

[A]　$(3+9i)\alpha-(8+4i)\beta+(5-5i)\gamma=0$ から

$$(3+9i)(\alpha-\gamma)=(8+4i)(\beta-\gamma)$$

とでき, $\alpha-\gamma\neq0$ なので

$$\begin{aligned}
\frac{\beta-\gamma}{\alpha-\gamma}&=\frac{3+9i}{8+4i}\\
&=\frac{3(1+3i)}{4(2+i)}\cdot\frac{2-i}{2-i}\\
&=\frac{3(5+5i)}{4\cdot5}\\
&=\frac{3(1+i)}{4}\\
&=\frac{3\sqrt{2}}{4}\left(\cos\frac{\pi}{4}+i\sin\frac{\pi}{4}\right)
\end{aligned}$$

◀∠ACB を知りたいので
$\dfrac{\beta-\gamma}{\alpha-\gamma}$ を調べます.
（始点に注意！）

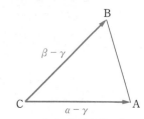

$$\therefore\quad \angle ACB=\frac{\pi}{4},\quad \frac{BC}{AC}=\frac{3\sqrt{2}}{4}$$

［B］ $\alpha^2-3\beta\alpha+3\beta^2=0$ から，解の公式より

$$\alpha=\beta\left(\frac{3}{2}\pm\frac{\sqrt{3}}{2}i\right)$$

これは，さらに

$$\alpha=\beta\cdot\sqrt{3}\left\{\cos\left(\pm\frac{\pi}{6}\right)+i\sin\left(\pm\frac{\pi}{6}\right)\right\}$$

とできるから，$\alpha=\beta=0$ の場合を除いて

$$\mathrm{OA}=\sqrt{3}\,\mathrm{OB},\ \angle\mathrm{AOB}=\frac{\pi}{6}\ \ \cdots\cdots(*)$$

である.

また，$|\alpha|^2-\alpha\bar{\beta}-\bar{\alpha}\beta+|\beta|^2=9$ から

$$\alpha\bar{\alpha}-\alpha\bar{\beta}-\bar{\alpha}\beta+\beta\bar{\beta}=9$$
$$\Longleftrightarrow (\alpha-\beta)(\bar{\alpha}-\bar{\beta})=9$$
$$\Longleftrightarrow (\alpha-\beta)\overline{(\alpha-\beta)}=9$$
$$\Longleftrightarrow |\alpha-\beta|^2=9$$
$$\Longleftrightarrow |\alpha-\beta|=3$$

したがって，AB=3 であり，$\alpha\neq\beta$ だから，
($*$)とあわせて右図のようになる.

よって，三角形 OAB の面積は

$$\frac{1}{2}\cdot3\cdot3\sqrt{3}\sin\frac{\pi}{6}=\frac{9\sqrt{3}}{4}$$

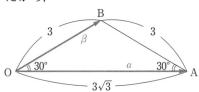

━■ メインポイント ■━

三角形の形状を調べるときは，$\dfrac{\gamma-\alpha}{\beta-\alpha}$ を計算！（ただし，始点に注意.）

極形式で表した複素数の累乗には『ド・モアブルの定理』が有効です.

───────── **ド・モアブルの定理** ─────────

n を整数とするとき
$$(\cos\theta + i\sin\theta)^n = \cos(n\theta) + i\sin(n\theta)$$

$\cos\theta + i\sin\theta$ を 1 回かけると θ 回転するので, n 回かけたら $n\theta$ 回転するということです.

◀ n が負のときは, 反対向きに回転します.

解答

(1) x_1, x_2, y_1, y_2 を実数として
$$z = x_1 + y_1 i, \quad w = x_2 + y_2 i$$
とおく.

(i)
$$\begin{aligned}
\overline{z+w} &= \overline{(x_1+x_2)+(y_1+y_2)i} \\
&= (x_1+x_2)-(y_1+y_2)i \\
&= (x_1-y_1 i)+(x_2-y_2 i) \\
&= \overline{z}+\overline{w}
\end{aligned}$$

◀ バーの性質の証明です.

(ii)
$$\begin{aligned}
\overline{zw} &= \overline{(x_1 x_2 - y_1 y_2)+(x_1 y_2 + x_2 y_1)i} \\
&= (x_1 x_2 - y_1 y_2)-(x_1 y_2 + x_2 y_1)i \\
&= (x_1 - y_1 i)(x_2 - y_2 i) \\
&= \overline{z}\,\overline{w}
\end{aligned}$$

(2) (i) $z^2 - z + 1 = 0$ を解の公式で解くと
$$z = \frac{1\pm\sqrt{-3}}{2} = \frac{1\pm\sqrt{3}\,i}{2}$$
であるから
$$(\alpha,\ \beta) = \left(\frac{1+\sqrt{3}\,i}{2},\ \frac{1-\sqrt{3}\,i}{2}\right) \text{ または } \left(\frac{1-\sqrt{3}\,i}{2},\ \frac{1+\sqrt{3}\,i}{2}\right)$$
さらに, 極形式で表すと
$$\frac{1\pm\sqrt{3}\,i}{2} = \cos\left(\pm\frac{\pi}{3}\right) + i\sin\left(\pm\frac{\pi}{3}\right) \quad \text{(複号同順)}$$

(ii) ド・モアブルの定理により

$$\alpha^{100} + \beta^{100}$$

$$= \left\{ \cos\left(\frac{\pi}{3}\right) + i\sin\left(\frac{\pi}{3}\right) \right\}^{100} + \left\{ \cos\left(-\frac{\pi}{3}\right) + i\sin\left(-\frac{\pi}{3}\right) \right\}^{100}$$

$$= \cos\left(\frac{100}{3}\pi\right) + i\sin\left(\frac{100}{3}\pi\right) + \cos\left(-\frac{100}{3}\pi\right) + i\sin\left(-\frac{100}{3}\pi\right)$$

$$= \cos\left(\frac{100}{3}\pi\right) + i\sin\left(\frac{100}{3}\pi\right) + \cos\left(\frac{100}{3}\pi\right) - i\sin\left(\frac{100}{3}\pi\right)$$

$$= 2\cos\left(\frac{100}{3}\pi\right)$$

$$= 2\cos\left(\frac{4}{3}\pi\right)$$

$$= 2 \cdot \left(-\frac{1}{2}\right)$$

$$= -1$$

別解

$\alpha^2 - \alpha + 1 = 0$ の両辺に $\alpha + 1$ をかけると

$$\alpha^3 + 1 = 0$$

となる．β についても同様なので

$$\alpha^{100} + \beta^{100} = (\alpha^3)^{33} \cdot \alpha + (\beta^3)^{33} \cdot \beta$$

$$= (-1)^{33} \cdot \alpha + (-1)^{33} \cdot \beta$$

$$= -(\alpha + \beta)$$

$$= -1$$

メインポイント

複素数の累乗には，ド・モアブルの定理！

アプローチ

方程式 $z^n = \alpha^n$ （**円分方程式**といいます.）の解は,
半径 $|\alpha|$ の円周上の n 等分点になります.

◀つまり, 正 n 角形の頂点に
なっています.

(1)をド・モアブルの定理を使って解くことで, 確認
してみましょう.

(2)は, **76** で学んだ $\dfrac{\gamma - \alpha}{\beta - \alpha}$ の考え方を利用します.

解答

(1)　$z^6 = -27$ から

$$|z^6| = 27 \iff |z|^6 = 27$$
$$\iff |z| = \sqrt{3}$$

◀$z = r(\cos\theta + i\sin\theta)$ とお
いて, 方程式に代入しても
イイのですが, 筆者は先に
絶対値だけ求めておく方が
好きです.

よって, $z = \sqrt{3}(\cos\theta + i\sin\theta)$ とおけるから,
ド・モアブルの定理により

$$z^6 = -27$$
$$\iff 27(\cos 6\theta + i\sin 6\theta) = -27$$
$$\iff \cos 6\theta + i\sin 6\theta = -1$$
$$\therefore\ 6\theta = \pi + 2\pi k \quad (k：整数)$$
$$\therefore\ \ \theta = \frac{\pi}{6} + \frac{\pi}{3}k \quad (k：整数)$$

◀角度が $2\pi k$ ズレても, つ
まり, 単位円上で k 周ズレ
ていても, sin, cos の値
は変わりません.

したがって, 求める z は下図の 6 点
$(z_1, \cdots, z_6)$ であり, その値は

$$z = \pm\sqrt{3}\,i,\ \pm\frac{3}{2} \pm \frac{\sqrt{3}}{2}i \quad \textbf{(複号任意)}$$

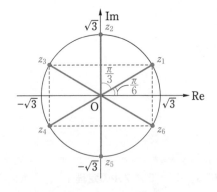

◀半径 $\sqrt{3}$ の円周上を, $\dfrac{\pi}{6}$
の点からスタートして,
$\dfrac{\pi}{3}$ ずつ回転していきます.
すると, 7 個目は 1 個目と
重なることがわかります.

(2) (1)の結果から

$$z_1 = \frac{3}{2} + \frac{\sqrt{3}}{2}i, \quad z_2 = \sqrt{3}\,i$$

$$\therefore \quad z_1 z_2 = -\frac{3}{2} + \frac{3\sqrt{3}}{2}i$$

したがって

$$\frac{z_1 z_2 - z_1}{z_2 - z_1} = \frac{-3 + \sqrt{3}\,i}{-\dfrac{3}{2} + \dfrac{\sqrt{3}}{2}i} = 2$$

と実数になったので，これは 3 点 z_1, z_2, $z_1 z_2$ が一直線上に並ぶことを表している．

3 点 A，B，C が一直線上
にあるとき，ベクトルでは
$\overrightarrow{AC} = k\overrightarrow{AB}$ (k：実数)
と表せます．
複素数でも同様に
$\gamma - \alpha = k(\beta - \alpha)$
$\therefore \quad \dfrac{\gamma - \alpha}{\beta - \alpha} = k$ (実数)

補足 z_1, z_2, $z_1 z_2$ の表す点をそれぞれ A，B，C として，これを通常の座標平面の表記に戻し，$A\left(\dfrac{3}{2}, \dfrac{\sqrt{3}}{2}\right)$，$B(0, \sqrt{3})$，$C\left(-\dfrac{3}{2}, \dfrac{3\sqrt{3}}{2}\right)$ とすると，直線 AB の式は

$$y = -\frac{\sqrt{3}}{3}x + \sqrt{3}$$

となります．これに $x = -\dfrac{3}{2}$ を代入すると

$$y = \frac{\sqrt{3}}{2} + \sqrt{3} = \frac{3\sqrt{3}}{2}$$

となるので，点 C が直線 AB 上にあることがわかります．

複素数平面というのは，**複素数を座標平面上の点に対応させたもの**なので，上記のように通常の座標平面で議論しても問題ありません．

■■■ **メインポイント** ■■■

$z^n = \alpha^n$ **の解は正 n 角形の頂点！**

アプローチ

ド・モアブルの定理により $\alpha^7=1$ となることがすぐにわかります. この式から $\alpha^7-1=0$ として, 左辺を因数分解すれば(1)の結果が得られます.

◀つまり, α は円分方程式 $z^7=1$ の解の1つです.

(2)では, α^n $(n=1, 2, \cdots, 6, 7)$ が円周上に並ぶことと, α と $\overline{\alpha}$ が実軸に関して対称であることを利用して図形的に考えると処理しやすいです.

(3)は3次方程式の実数解の議論なので, 微分です.

解答

(1) ド・モアブルの定理により
$$\alpha^7=\cos 2\pi+i\sin 2\pi=1$$
であるから
$$\alpha^7-1=0$$
$$\therefore \quad (\alpha-1)(\alpha^6+\alpha^5+\alpha^4+\alpha^3+\alpha^2+\alpha+1)=0$$
$\alpha\neq 1$ なので
$$\alpha^6+\alpha^5+\alpha^4+\alpha^3+\alpha^2+\alpha+1=0$$
$$\therefore \quad \alpha^6+\alpha^5+\alpha^4+\alpha^3+\alpha^2+\alpha=-1$$

(2) 右図から
$$\overline{\alpha}=\alpha^6, \quad \overline{\alpha^2}=\alpha^5, \quad \overline{\alpha^3}=\alpha^4$$
が成り立つことと, $\alpha^7=1$ に注意して
$$t^3+t^2-2t$$
$$=(\alpha+\overline{\alpha})^3+(\alpha+\overline{\alpha})^2-2(\alpha+\overline{\alpha})$$
$$=(\alpha^3+3\alpha^2\overline{\alpha}+3\alpha\overline{\alpha}^2+\overline{\alpha}^3)$$
$$\qquad +(\alpha^2+2\alpha\overline{\alpha}+\overline{\alpha}^2)-2(\alpha+\overline{\alpha})$$
$$=(\alpha^3+3\alpha+3\alpha^6+\alpha^4)+(\alpha^2+2+\alpha^5)$$
$$\qquad\qquad\qquad -2(\alpha+\alpha^6)$$
$$=\alpha^6+\alpha^5+\alpha^4+\alpha^3+\alpha^2+\alpha+2$$
$$=1 \quad (\because \ (1))$$

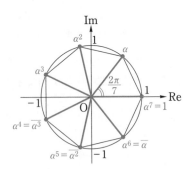

(3) $f(t)=t^3+t^2-2t-1$ とおくとき, $\alpha+\overline{\alpha}$ すなわち $2\cos\dfrac{2\pi}{7}$ は $f(t)=0$ の正の解である.

$$f'(t) = 3t^2 + 2t - 2 = 3(t-\beta)(t-\gamma)$$

$$\left(\text{ただし, } \beta = \frac{-1-\sqrt{7}}{3}, \quad \gamma = \frac{-1+\sqrt{7}}{3}\right)$$

であるから, 増減は次の通り.

t	$\cdots$	β	$\cdots$	γ	$\cdots$
$f'(t)$		$+$	0	$-$	0	$+$
$f(t)$		$\nearrow$		$\searrow$		$\nearrow$

$\beta < 0 < \gamma$ と $f(0) = -1 < 0$ に注意して,
$y = f(t)$ のグラフは右の通り.

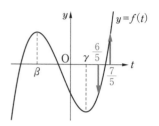

$$f\left(\frac{6}{5}\right) = \left(\frac{6}{5}\right)^3 + \left(\frac{6}{5}\right)^2 - 2\cdot\frac{6}{5} - 1 = -\frac{29}{125}$$

$$f\left(\frac{7}{5}\right) = \left(\frac{7}{5}\right)^3 + \left(\frac{7}{5}\right)^2 - 2\cdot\frac{7}{5} - 1 = \frac{113}{125}$$

であるから, $f(t) = 0$ を満たす正の値 t は

$$\frac{6}{5} < t < \frac{7}{5}$$

を満たす. よって

$$\frac{6}{5} < 2\cos\frac{2\pi}{7} < \frac{7}{5}$$

$$\therefore \quad \frac{3}{5} < \cos\frac{2\pi}{7} < \frac{7}{10}$$

補足　(2)では, $\alpha^7 = 1$ から

$$|\alpha|^7 = 1 \iff |\alpha|^2 = 1 \iff \alpha\overline{\alpha} = 1$$

とできるので, これを利用して

$$\overline{\alpha} = \frac{1}{\alpha} = \alpha^6, \quad \overline{\alpha^2} = \frac{1}{\alpha^2} = \alpha^5, \quad \overline{\alpha^3} = \frac{1}{\alpha^3} = \alpha^4$$

としてもいいでしょう.

■**メインポイント**■

α^n と $\overline{\alpha^n}$ は図形的に, 視覚的に処理すると速い!

アプローチ

複素数平面上の軌跡を考えるとき，次の2つの式の
形は覚えておきましょう.

① $|z-\alpha|=r$ $(r>0)$

これは，点 α から点 z までの距離がつねに r で
あることを表すので，点 z の軌跡は

中心 α，半径 r の円

です.

② $|z-\alpha|=|z-\beta|$ $(\alpha \neq \beta)$

これは，2点 α，β から点 z までの距離がつね
に等しいことを表すので，点 z の軌跡は

α と β を結ぶ線分の垂直二等分線

です.

与えられた式がこの2つであっても，これら以外の
ときでも，**困ったら $z=x+yi$ を代入して整理する**
ことで，x，y の関係式を作りましょう.

解答

(1) 与式の両辺を2乗して

$$|iz+3|^2=|2z-6|^2$$
$$\Longleftrightarrow (iz+3)(\overline{iz+3})=(2z-6)(\overline{2z-6})$$
$$\Longleftrightarrow (iz+3)(-i\bar{z}+3)=(2z-6)(2\bar{z}-6)$$
$$\Longleftrightarrow z\bar{z}+3iz-3i\bar{z}+9=4z\bar{z}-12z-12\bar{z}+36$$
$$\Longleftrightarrow 3z\bar{z}-(12+3i)z-(12-3i)\bar{z}+27=0$$
$$\Longleftrightarrow z\bar{z}-(4+i)z-(4-i)\bar{z}+9=0$$
$$\Longleftrightarrow \{z-(4-i)\}\{\bar{z}-(4+i)\}=-9+(4-i)(4+i)$$ ◀強引に因数分解！
$$\Longleftrightarrow \{z-(4-i)\}\{\overline{z-(4-i)}\}=8$$
$$\Longleftrightarrow |z-(4-i)|^2=8$$
$$\Longleftrightarrow |z-(4-i)|=2\sqrt{2}$$

よって，点 z は，**中心 $4-i$，半径 $2\sqrt{2}$ の円**を
描く.

(2) $z-\overline{z}=0$ すなわち $z=\overline{z}$ は，z が実数であること ◀$z=\overline{z} \iff z$ が実数
とを表すので，求める z は(1)で求めた円と実軸の交
点である．

三平方の定理により，右図のようになるの
で

$$z=4\pm\sqrt{7}$$

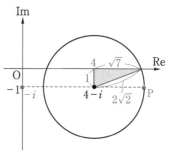

(3) $|z+i|$ すなわち $|z-(-i)|$ は，z と $-i$
の距離を表すので，(1)で求めた円周上の点で
$-i$ から最も遠い点を考えると，図の点Pで
あり，$z=4+2\sqrt{2}-i$ だから

最大値：$|z+i|=4+2\sqrt{2}$

補足 与式に $z=x+yi$ を代入して整理すると

$$|iz+3|=|2z-6|$$
$$\iff |(-y+3)+xi|=|(2x-6)+2yi|$$
$$\iff (-y+3)^2+x^2=(2x-6)^2+(2y)^2$$
$$\iff y^2-6y+9+x^2=4x^2-24x+36+4y^2$$
$$\iff 3x^2-24x+3y^2+6y+27=0$$
$$\iff x^2-8x+y^2+2y+9=0$$
$$\iff (x-4)^2+(y+1)^2=8$$

とでき，中心 $(4,\ -1)$，半径 $2\sqrt{2}$ の円を描くことがわかります．

(2)の $z-\overline{z}=0$ も

$$z-\overline{z}=0 \iff (x+yi)-(x-yi)=0$$
$$\iff 2yi=0$$
$$\iff y=0$$

とでき，z が x 軸上にあることを表しています．

第8章

■■■ **メインポイント** ■■■

z の軌跡は特別な形が2つ！　困ったら $z=x+yi$ とおく！

アプローチ

前問 80 の **アプローチ** で書いた通り，『円』と『垂直二等分線』の 2 つだけは特別で，その他の場合には $z=x+yi$ とおいて x，y の関係式を作るのが基本です．つまり，通常の座標平面上の議論に持ち込んでしまうのです．

［B］では『回転』が出てきましたが，これは複素数の得意技です！

ただし，問題文の通りに回転させてしまうと，曲線 C_1 の方程式は得られないので気をつけましょう．　◀ **補足** 参照.

解答

［A］(1) $z=x+iy$ を $|z-ia|=\dfrac{z-\bar{z}}{2i}$ に代入して

$$|x+i(y-a)|=\frac{(x+iy)-(x-iy)}{2i}$$

$$\Longleftrightarrow \sqrt{x^2+(y-a)^2}=y$$

$$\Longleftrightarrow x^2+(y-a)^2=y^2 \ \text{かつ} \ y\geqq0$$

$$\Longleftrightarrow x^2-2ay+a^2=0 \ \text{かつ} \ y\geqq0$$

$$\therefore \quad y=\frac{x^2+a^2}{2a} \quad (y\geqq0 \ \text{を満たす})$$

◀放物線の式が得られました.

(2) $|z-(2+2i)|=|z+(2+2i)|$ を満たす点 z は，2 点 $2+2i$，$-2-2i$ を結ぶ線分の垂直二等分線 $y=-x$ の上にあるから，(1)の結果とから y を消去して

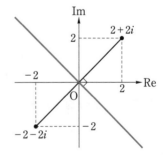

$$\frac{x^2+a^2}{2a}=-x \Longleftrightarrow x^2+a^2=-2ax$$

$$\Longleftrightarrow x^2+2ax+a^2=0$$

$$\Longleftrightarrow (x+a)^2=0$$

よって，$x=-a$ だから

$$y=-x=a$$

$$\therefore \quad z=-a+ai$$

[B]　曲線 C_0 上の点 $x+yi$ を原点のまわりに $\dfrac{\pi}{4}$ 回

転した点を $X+Yi$ とすると

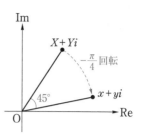

$$x+yi=(X+Yi)\left\{\cos\left(-\dfrac{\pi}{4}\right)+i\sin\left(-\dfrac{\pi}{4}\right)\right\}$$

$$=(X+Yi)\left(\dfrac{1}{\sqrt{2}}-\dfrac{1}{\sqrt{2}}i\right)$$

$$=\dfrac{X+Y}{\sqrt{2}}+\dfrac{-X+Y}{\sqrt{2}}i$$

$$\therefore\quad x=\dfrac{X+Y}{\sqrt{2}},\quad y=\dfrac{-X+Y}{\sqrt{2}}$$

これらを $5x^2+5y^2-6xy=8$ に代入して

$$5\left(\dfrac{X+Y}{\sqrt{2}}\right)^2+5\left(\dfrac{-X+Y}{\sqrt{2}}\right)^2-6\cdot\dfrac{X+Y}{\sqrt{2}}\cdot\dfrac{-X+Y}{\sqrt{2}}=8$$

$$\Longleftrightarrow 8X^2+2Y^2=8$$

$$\Longleftrightarrow 4X^2+Y^2=4$$

つまり，曲線 C_1 の方程式が

$$4x^2+y^2=4$$

であるから

◀つまり，C_0 は楕円である
ことがわかりました.

$$ax^2+by^2+cxy+dx+ey=4$$

と比べて

$a=4$, $b=1$, $c=d=e=0$

補足　問題文の通りに回転させると

$$X+Yi=(x+yi)\left(\cos\dfrac{\pi}{4}+i\sin\dfrac{\pi}{4}\right)$$

であり，これを整理して左右を比べると $X=(x,\ y\ \text{の式})$，$Y=(x,\ y\ \text{の式})$ と
いう形になるので，X，Y の関係式を作るのは少しメンドウです.

60 **別解** では，X，Y の関係式を作ることが目標ではなく，X，Y を x で表
すことで x についての積分計算に持ち込むことが目標だったのです.

■■メインポイント■■

$z=x+yi$ とおけば，通常の座標平面と一緒！

82 １次分数変換（円円対応）

アプローチ

関係式 $w=\dfrac{az+b}{cz+d}$ $(ad-bc \neq 0)$ による z と w の

対応関係を**１次分数変換**といいます.

一般的に,「z が円を描くとき, w は円または直線を描く」こと（円円対応）が知られていますが, 受験生のみなさんは, そのような**知識に頼るのではなく計算力によって確かめられるようにすることが大切**です.

◀直線は「半径が無限大の円の一部分」と考えれば, 円が円に対応するといえます.

解答

(1) $z=1-2i$ のとき

$$w=\frac{1-3i}{1-i}$$

$$=\frac{1-3i}{1-i} \cdot \frac{1+i}{1+i}$$

$$=\frac{4-2i}{2}$$

$$=2-i$$

よって, w の実部は **2** である.

(2) 点 w が点 $-1+i$ を中心とする半径 1 の円周上を動くとき

$$\left| w-(-1+i) \right|=1$$

が成り立つから, ここに $w=\dfrac{z-i}{z+i}$ を代入すると

◀z の描く図形を知りたいので, w を消去します.

$z \neq -i$ において

$$\left| \frac{z-i}{z+i}-(-1+i) \right|=1$$

$$\iff \left| \frac{z-i-(-1+i)(z+i)}{z+i} \right|=1$$

$$\iff \left| (2-i)z+1 \right|=\left| z+i \right|$$

$$\iff \left| (2-i)z+1 \right|^2=\left| z+i \right|^2$$

$$\iff \{(2-i)z+1\}\{\overline{(2-i)z+1}\}=(z+i)(\overline{z+i})$$

$$\iff \{(2-i)z+1\}\{(2+i)\bar{z}+1\}=(z+i)(\bar{z}-i)$$

$$\iff 5z\bar{z}+(2-i)z+(2+i)\bar{z}+1=z\bar{z}-iz+i\bar{z}+1$$

◀$z \neq -i$ なので, 分母を払う作業が同値変形になっています.（**補足** 参照.）

182

$$\Longleftrightarrow 4z\bar{z}+2z+2\bar{z}=0$$

$$\Longleftrightarrow z\bar{z}+\frac{1}{2}z+\frac{1}{2}\bar{z}=0$$

$$\Longleftrightarrow \left(z+\frac{1}{2}\right)\left(\bar{z}+\frac{1}{2}\right)=\frac{1}{4}$$

$$\Longleftrightarrow \left(z+\frac{1}{2}\right)\overline{\left(z+\frac{1}{2}\right)}=\frac{1}{4}$$

$$\Longleftrightarrow \left|z+\frac{1}{2}\right|^2=\frac{1}{4}$$

$$\Longleftrightarrow \left|z+\frac{1}{2}\right|=\frac{1}{2}$$

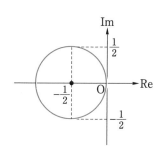

よって，z は

中心 $-\dfrac{1}{2}$，半径 $\dfrac{1}{2}$ の円

を描くので，右図の通り．

補足 関係式 $w=\dfrac{z-i}{z+i}$ から，分母は 0 でないので $z \neq -i$ です．

したがって，もし(2)の結果の図形が点 $-i$ を通っていれば，その点は除外することになります．

ちなみに，先に z の関係式が与えられていたら，$w=\dfrac{z-i}{z+i}$ から

$$w(z+i)=z-i \Longleftrightarrow (w-1)z=-iw-i$$
$$\Longleftrightarrow z=\frac{-iw-i}{w-1}$$

として，z を消去することで，点 w の軌跡を求めます．

■ **メインポイント** ■

ジャマな文字は消去！

極　限

解答

[A]

(1) $\displaystyle\lim_{n\to\infty}\frac{3n^2-7n+2}{n^2+3n-1}=\lim_{n\to\infty}\frac{3-\dfrac{7}{n}+\dfrac{2}{n^2}}{1+\dfrac{3}{n}-\dfrac{1}{n^2}}=\frac{3-0+0}{1+0-0}=\boldsymbol{3}$

(2) $\displaystyle\lim_{n\to\infty}\frac{1+2^2+3^2+\cdots\cdots+n^2}{n^3}=\lim_{n\to\infty}\frac{\dfrac{1}{6}n(n+1)(2n+1)}{n^3}$

$\displaystyle\qquad\qquad=\lim_{n\to\infty}\left\{\frac{1}{6}\cdot1\cdot\left(1+\frac{1}{n}\right)\left(2+\frac{1}{n}\right)\right\}=\frac{1}{6}\cdot1\cdot1\cdot2=\boldsymbol{\frac{1}{3}}$

(3) $\displaystyle\lim_{n\to\infty}n(\sqrt{n^2+1}-\sqrt{n^2-1})=\lim_{n\to\infty}n(\sqrt{n^2+1}-\sqrt{n^2-1})\cdot\frac{\sqrt{n^2+1}+\sqrt{n^2-1}}{\sqrt{n^2+1}+\sqrt{n^2-1}}$

$\displaystyle\qquad\qquad=\lim_{n\to\infty}n\cdot\frac{(n^2+1)-(n^2-1)}{\sqrt{n^2+1}+\sqrt{n^2-1}}$

$\displaystyle\qquad\qquad=\lim_{n\to\infty}\frac{2}{\sqrt{1+\dfrac{1}{n^2}}+\sqrt{1-\dfrac{1}{n^2}}}=\frac{2}{\sqrt{1}+\sqrt{1}}=\boldsymbol{1}$

(4) $\displaystyle\lim_{n\to\infty}\frac{1}{n-\sqrt{n^2-2n}}=\lim_{n\to\infty}\frac{1}{n-\sqrt{n^2-2n}}\cdot\frac{n+\sqrt{n^2-2n}}{n+\sqrt{n^2-2n}}$

$\displaystyle\qquad\qquad=\lim_{n\to\infty}\frac{n+\sqrt{n^2-2n}}{n^2-(n^2-2n)}=\lim_{n\to\infty}\frac{1+\sqrt{1-\dfrac{2}{n}}}{2}=\frac{1+\sqrt{1}}{2}=\boldsymbol{1}$

(5) $\displaystyle\lim_{n\to\infty}\frac{3^{n+1}-2^{n+1}}{3^n+2^n}=\lim_{n\to\infty}\frac{3-2\left(\dfrac{2}{3}\right)^n}{1+\left(\dfrac{2}{3}\right)^n}=\frac{3-0}{1+0}=\boldsymbol{3}$

(6) $\displaystyle\lim_{n\to\infty}\frac{1-r^{2n}}{(1+r^n)^2}=\lim_{n\to\infty}\frac{1-r^{2n}}{1+2r^n+r^{2n}}=\lim_{n\to\infty}\frac{\dfrac{1}{r^{2n}}-1}{\dfrac{1}{r^{2n}}+\dfrac{2}{r^n}+1}$

$$= \frac{0-1}{0+0+1} \quad (\because \quad r<-1) \quad = -1$$

[B]

(1) $\displaystyle\sum_{n=1}^{\infty} \frac{1}{n(n+1)} = \lim_{n\to\infty} \sum_{k=1}^{n} \frac{1}{k(k+1)} = \lim_{n\to\infty} \sum_{k=1}^{n} \left(\frac{1}{k} - \frac{1}{k+1}\right) = \lim_{n\to\infty} \left(1 - \frac{1}{n+1}\right) = 1$

(2) $\displaystyle\sum_{n=1}^{\infty} \frac{3^n - 2^n}{5^n} = \lim_{n\to\infty} \sum_{k=1}^{n} \frac{3^k - 2^k}{5^k} = \lim_{n\to\infty} \sum_{k=1}^{n} \left\{ \left(\frac{3}{5}\right)^k - \left(\frac{2}{5}\right)^k \right\}$

$$= \lim_{n\to\infty} \left\{ \frac{\frac{3}{5}\left(1 - \left(\frac{3}{5}\right)^n\right)}{1 - \frac{3}{5}} - \frac{\frac{2}{5}\left(1 - \left(\frac{2}{5}\right)^n\right)}{1 - \frac{2}{5}} \right\} = \frac{\frac{3}{5}}{1 - \frac{3}{5}} - \frac{\frac{2}{5}}{1 - \frac{2}{5}}$$

$$= \frac{3}{2} - \frac{2}{3} = \frac{5}{6}$$

[C]

(1) $-1 \leqq \sin \dfrac{n\pi}{3} \leqq 1$ が成り立つから, $-\dfrac{1}{n} \leqq \dfrac{1}{n}\sin\dfrac{n\pi}{3} \leqq \dfrac{1}{n}$

$\displaystyle\lim_{n\to\infty}\left(-\frac{1}{n}\right) = \lim_{n\to\infty}\frac{1}{n} = 0$ なので，はさみうちの原理により

$$\lim_{n\to\infty} \frac{1}{n}\sin\frac{n\pi}{3} = 0$$

(2) 十分に大きな n に対して

$$\frac{2^{n-1}}{n!} = \frac{2^{n-1}}{n(n-1)(n-2)\cdots 3\cdot 2\cdot 1}$$

$$\leqq \frac{2^{n-1}}{3\cdot 3\cdot 3\cdots 3\cdot 2\cdot 1}$$

$$= \left(\frac{2}{3}\right)^{n-2}$$

$$\therefore \quad 0 \leqq \frac{2^{n-1}}{n!} \leqq \left(\frac{2}{3}\right)^{n-2}$$

$\displaystyle\lim_{n\to\infty}\left(\frac{2}{3}\right)^{n-2} = 0$ なので，はさみうちの原理により，$\displaystyle\lim_{n\to\infty}\frac{2^{n-1}}{n!} = 0$

[D]

(1) $\displaystyle\lim_{x\to 2}\frac{x^2+6x-16}{x^2-5x+6}=\lim_{x\to 2}\frac{(x-2)(x+8)}{(x-2)(x-3)}=\lim_{x\to 2}\frac{x+8}{x-3}=\frac{10}{-1}=\boldsymbol{-10}$

(2) $\displaystyle\lim_{x\to\infty}x(\sqrt{x^2+1}-x)=\lim_{x\to\infty}x(\sqrt{x^2+1}-x)\cdot\frac{\sqrt{x^2+1}+x}{\sqrt{x^2+1}+x}$

$$=\lim_{x\to\infty}x\cdot\frac{(x^2+1)-x^2}{\sqrt{x^2+1}+x}=\lim_{x\to\infty}\frac{1}{\sqrt{1+\dfrac{1}{x^2}}+1}$$

$$=\frac{1}{\sqrt{1}+1}=\boldsymbol{\frac{1}{2}}$$

(3) $\displaystyle\lim_{x\to 1+0}\frac{x+3}{x^2+x-2}=\lim_{x\to 1+0}\left(\frac{x+3}{x+2}\cdot\frac{1}{x-1}\right)=\frac{4}{3}\cdot\infty=\boldsymbol{\infty}$

(4) $t=-x$ とおくと

$$\lim_{x\to-\infty}\frac{\sqrt{x^2+1}}{x+1}=\lim_{t\to\infty}\frac{\sqrt{t^2+1}}{-t+1}=\lim_{t\to\infty}\frac{\sqrt{1+\dfrac{1}{t^2}}}{-1+\dfrac{1}{t}}=\frac{\sqrt{1}}{-1}=\boldsymbol{-1}$$

[E]

(1) $\displaystyle\lim_{\theta\to 0}\frac{\sin 2\theta}{\sin 3\theta}=\lim_{\theta\to 0}\frac{\sin 2\theta}{2\theta}\cdot\frac{3\theta}{\sin 3\theta}\cdot\frac{2}{3}=1\cdot 1\cdot\frac{2}{3}=\boldsymbol{\frac{2}{3}}$

(2) $\displaystyle\lim_{\theta\to 0}\frac{1-\cos^3\theta}{\theta^2\cos^2\theta}=\lim_{\theta\to 0}\frac{\dfrac{1}{\cos^2\theta}-\cos\theta}{\theta^2}=\lim_{\theta\to 0}\frac{1+\tan^2\theta-\cos\theta}{\theta^2}$

$$=\lim_{\theta\to 0}\left\{\frac{1-\cos\theta}{\theta^2}+\frac{1}{\cos^2\theta}\left(\frac{\sin\theta}{\theta}\right)^2\right\}=\frac{1}{2}+\frac{1}{1^2}\cdot 1^2=\boldsymbol{\frac{3}{2}}$$

(3) $\displaystyle\lim_{n\to\infty}\left(\frac{n-1}{n}\right)^n=\lim_{n\to\infty}\frac{1}{\left(\dfrac{n}{n-1}\right)^n}=\lim_{n\to\infty}\frac{1}{\left(1+\dfrac{1}{n-1}\right)^{n-1}\left(1+\dfrac{1}{n-1}\right)}$

$$=\frac{1}{e\cdot 1}=\boldsymbol{\frac{1}{e}}$$

(4) $\displaystyle\lim_{x\to 0}\frac{e^{2x}+e^x-2}{x}=\lim_{x\to 0}\frac{(e^x-1)(e^x+2)}{x}=\lim_{x\to 0}\frac{e^x-1}{x}\cdot(e^x+2)=1\cdot(1+2)=\boldsymbol{3}$

微　分

解答

[A]

(1) $y' = (2x+3)'(x^2-x+1)+(2x+3)(x^2-x+1)'$

$\quad = 2(x^2-x+1)+(2x+3)(2x-1) = 6x^2+2x-1$

(2) $y' = \dfrac{(x^3-4x+1)'\sqrt{x-2}-(x^3-4x+1)(\sqrt{x-2})'}{(\sqrt{x-2})^2}$

$\quad = \dfrac{(3x^2-4)\sqrt{x-2}-(x^3-4x+1)\cdot\dfrac{1}{2\sqrt{x-2}}}{x-2}$

$\quad = \dfrac{2(3x^2-4)(x-2)-(x^3-4x+1)}{2(x-2)\sqrt{x-2}} = \dfrac{5x^3-12x^2-4x+15}{2(x-2)\sqrt{x-2}}$

(3) $y' = \dfrac{(1+x)'x^2-(1+x)(x^2)'}{(x^2)^2} = \dfrac{1\cdot x^2-(1+x)\cdot 2x}{x^4} = \dfrac{-x(x+2)}{x^4}$ ……（∗）

$\quad = -\dfrac{x+2}{x^3}$

> **注意！**　この y' の符号を調べるときには，x で約分せずに，（∗）のままの方がわかりやすいです.

(4) $y' = 2\cdot\dfrac{2x+5}{x^2-4}\cdot\left(\dfrac{2x+5}{x^2-4}\right)' = \dfrac{2(2x+5)}{x^2-4}\cdot\dfrac{(2x+5)'(x^2-4)-(2x+5)(x^2-4)'}{(x^2-4)^2}$

$\quad = \dfrac{2(2x+5)}{x^2-4}\cdot\dfrac{2(x^2-4)-(2x+5)\cdot 2x}{(x^2-4)^2} = \dfrac{4(2x+5)(-x^2-5x-4)}{(x^2-4)^3}$

$\quad = -\dfrac{4(2x+5)(x+1)(x+4)}{(x-2)^3(x+2)^3}$

[B]

(1) $y' = (\sin x)'\cos^2 x + \sin x(\cos^2 x)' = \cos^3 x + \sin x\cdot 2\cos x(\cos x)'$

$\quad = \cos^3 x - 2\sin^2 x\cos x = \cos^3 x - 2(1-\cos^2 x)\cos x = \cos x(3\cos^2 x-2)$

(2) $y' = \dfrac{(\sin 2x)'(1-\cos x)-\sin 2x(1-\cos x)'}{(1-\cos x)^2}$

$\quad = \dfrac{2\cos 2x(1-\cos x)-\sin 2x\sin x}{(1-\cos x)^2}$

$$= \frac{2(2\cos^2 x-1)(1-\cos x)-2\sin x\cos x\cdot\sin x}{(1-\cos x)^2}$$

$$= \frac{2(2\cos^2 x-1)(1-\cos x)-2\cos x(1-\cos^2 x)}{(1-\cos x)^2}$$

$$= \frac{2(2\cos^2 x-1)(1-\cos x)-2\cos x(1+\cos x)(1-\cos x)}{(1-\cos x)^2}$$

$$= \frac{2(2\cos^2 x-1)-2\cos x(1+\cos x)}{1-\cos x} = \frac{2(\cos^2 x-\cos x-1)}{1-\cos x}$$

(3) $y' = \dfrac{1}{\cos^2(3x+2)}\cdot(3x+2)' = \dfrac{3}{\cos^2(3x+2)}$

(4) $y' = \left(\dfrac{\cos x}{\sin x}\right)' = \dfrac{(\cos x)'\sin x-\cos x(\sin x)'}{\sin^2 x} = \dfrac{-\sin^2 x-\cos^2 x}{\sin^2 x} = -\dfrac{1}{\sin^2 x}$

[C]

(1) $y' = (x^2+2x+2)'e^{-x}+(x^2+2x+2)(e^{-x})'$

$= (2x+2)e^{-x}+(x^2+2x+2)\cdot(-e^{-x})$

$= \{(2x+2)-(x^2+2x+2)\}e^{-x} = -x^2 e^{-x}$

(2) $y' = (e^{2x})'\cos 3x+e^{2x}(\cos 3x)' = 2e^{2x}\cos 3x+e^{2x}(-3\sin 3x)$

$= e^{2x}(2\cos 3x-3\sin 3x)$

(3) $y' = -\dfrac{(e^{2x}+e^{-2x})'}{(e^{2x}+e^{-2x})^2} = -\dfrac{2e^{2x}-2e^{-2x}}{(e^{2x}+e^{-2x})^2} = -\dfrac{2e^{2x}(e^{4x}-1)}{(e^{4x}+1)^2}$

(4) $y' = 3(\log x)^2(\log x)' = 3(\log x)^2\cdot\dfrac{1}{x} = \dfrac{3(\log x)^2}{x}$

(5) $y' = \{x+\log(1-x)\}' = 1-\dfrac{1}{1-x} = \dfrac{x}{x-1}$

(6) $y' = \dfrac{1}{x+\sqrt{1+x^2}}\cdot(x+\sqrt{1+x^2}\,)' = \dfrac{1+\dfrac{1}{2\sqrt{1+x^2}}\cdot(1+x^2)'}{x+\sqrt{1+x^2}}$

$= \dfrac{1+\dfrac{x}{\sqrt{1+x^2}}}{x+\sqrt{1+x^2}} = \dfrac{\sqrt{1+x^2}+x}{(x+\sqrt{1+x^2}\,)\sqrt{1+x^2}} = \dfrac{1}{\sqrt{1+x^2}}$

[D]

(1) $y' = \{(x-1)^2\}'(x+3)^4(x-4)^3 + (x-1)^2\{(x+3)^4(x-4)^3\}'$

$= \{(x-1)^2\}'(x+3)^4(x-4)^3 + (x-1)^2\{\{(x+3)^4\}'(x-4)^3 + (x+3)^4\{(x-4)^3\}'\}$

$= \{(x-1)^2\}'(x+3)^4(x-4)^3 + (x-1)^2\{(x+3)^4\}'(x-4)^3$
$\qquad\qquad\qquad\qquad\qquad\qquad + (x-1)^2(x+3)^4\{(x-4)^3\}'$

$= 2(x-1)(x+3)^4(x-4)^3 + 4(x-1)^2(x+3)^3(x-4)^3 + 3(x-1)^2(x+3)^4(x-4)^2$

$= (x-1)(x+3)^3(x-4)^2\{2(x+3)(x-4) + 4(x-1)(x-4) + 3(x-1)(x+3)\}$

$= \boldsymbol{(x-1)(x+3)^3(x-4)^2(9x^2-16x-17)}$

注意！ 3 行目のように

$$(f \cdot g \cdot h)' = f' \cdot g \cdot h + f \cdot g' \cdot h + f \cdot g \cdot h'$$

が，一般的に成り立ちます．

(2) $y' = \dfrac{x^2+3}{x^2+1}\left(\dfrac{x^2+1}{x^2+3}\right)' = \dfrac{x^2+3}{x^2+1} \cdot \dfrac{(x^2+1)'(x^2+3)-(x^2+1)(x^2+3)'}{(x^2+3)^2}$

$= \dfrac{x^2+3}{x^2+1} \cdot \dfrac{2x(x^2+3)-(x^2+1)\cdot 2x}{(x^2+3)^2} = \dfrac{x^2+3}{x^2+1} \cdot \dfrac{4x}{(x^2+3)^2}$

$= \dfrac{\boldsymbol{4x}}{\boldsymbol{(x^2+1)(x^2+3)}}$

(3) $3^x = e^{\log 3^x} = e^{x\log 3}$ から

$$(3^x)' = (e^{x\log 3})' = e^{x\log 3}\log 3 = 3^x \log 3$$

なので

$y' = (3^x)'\cos 2x + 3^x(\cos 2x)'$

$= 3^x \log 3 \cos 2x + 3^x \cdot (-2\sin 2x)$

$= \boldsymbol{3^x(\log 3 \cos 2x - 2\sin 2x)}$

(4) $y' = \left(\dfrac{\log 2}{\log x}\right)' = -\dfrac{\log 2}{(\log x)^2} \cdot (\log x)' = -\dfrac{\boldsymbol{\log 2}}{\boldsymbol{x(\log x)^2}}$

[E]
(1) 両辺の自然対数をとると

$$\log y = \log(\tan x)^{\sin x} = \sin x \log(\tan x)$$

両辺を x で微分して

$$\frac{y'}{y} = (\sin x)'\log(\tan x) + \sin x \{\log(\tan x)\}'$$

$$= \cos x \log(\tan x) + \sin x \cdot \frac{1}{\tan x} \cdot (\tan x)'$$

$$= \cos x \log(\tan x) + \sin x \cdot \frac{\cos x}{\sin x} \cdot \frac{1}{\cos^2 x}$$

$$= \cos x \log(\tan x) + \frac{1}{\cos x}$$

$$\therefore \quad y' = \left(\cos x \log(\tan x) + \frac{1}{\cos x}\right)y$$

$$= \left(\cos x \log(\tan x) + \frac{1}{\cos x}\right)(\tan x)^{\sin x}$$

(2) $y = x^x$ とおいて，両辺の自然対数をとると

$$\log y = \log x^x = x \log x$$

両辺を x で微分して

$$\frac{y'}{y} = (x)'\log x + x(\log x)' = 1 \cdot \log x + x \cdot \frac{1}{x} = \log x + 1$$

$$\therefore \quad y' = (\log x + 1)y = (\log x + 1)x^x$$

よって，$(x^x)' = (\log x + 1)x^x$ であるから

$$\left(\frac{\log x}{x^x}\right)' = \frac{(\log x)' \cdot x^x - \log x \cdot (x^x)'}{(x^x)^2} = \frac{\dfrac{1}{x} \cdot x^x - \log x(\log x + 1)x^x}{(x^x)^2}$$

$$= \frac{1 - x\log x(\log x + 1)}{x^{x+1}}$$

memo